WERKSTATTBÜCHER

FÜR BETRIEBSANGESTELLTE, KONSTRUKTEURE UND FACH-
ARBEITER. HERAUSGEBER DR.-ING. H. HAAKE, HAMBURG

HEFT 117

Metalldrücken

Von

Dr.-Ing. Walter Sellin

St. Andreasberg/Harz

Mit 106 Abbildungen

Springer-Verlag Berlin
Heidelberg GmbH 1955

Inhaltsverzeichnis.

ISBN 978-3-540-01973-2   ISBN 978-3-662-22154-9 (eBook)
DOI 10.1007/978-3-662-22154-9

Vorwort.

Metalldrücken ist eine Technik der spanlosen Umformung von Blechen, die in Gefahr geraten ist, vergessen zu werden, obwohl sie auch heute noch anerkannter Lehrberuf des Metallhandwerks ist. Es erscheint deshalb als dankbare Aufgabe, die Möglichkeiten der Umformung durch Metalldrücken und ihre Vorzüge anderen Verfahren gegenüber aufzuzeigen und abzugrenzen und sie weiteren Kreisen bekanntzugeben, insbesondere, weil die Einführung der Mechanisierung eine neue Betrachtung und Beurteilung erfordert.

Wenn das Werkstattbuch dazu beiträgt, Vergessenes aufzufrischen, Bestehendes festzuhalten und das Wissen zu erweitern, erfüllt es seinen Zweck.

Den Maschinenfabriken, die bereitwillig wertvolle Unterlagen zur Verfügung gestellt haben, besonders der Firma *Leifeld & Co.*, wird für ihre weitgehende Unterstützung aufrichtig gedankt.

I. Spanlose Umformung von Blechen durch Drücken.

A. Der Begriff „Metalldrücken".

Metalldrücken ist ein Verfahren, durch das eine ebene Metallscheibe spanlos in ein tiefes Gefäß umgeformt werden kann. Der Ursprung des Verfahrens ist nicht bekannt, aber zweifellos geht das Metalldrücken auf das älteste Verfahren der Blechumformung, das „Treiben", zurück.

B. Die Entstehung des Metalldrückens aus dem „Treiben".

1. Treiben. Beim Treiben wird durch Schläge mit Hämmern, die verschieden geformte Pinnen haben, Blech durch Druck punktförmig verdrängt, wobei es durch allmähliche Verlegung der Angriffsstellen und durch Veränderung der Schlagkraft gezwungen wird, sich in die gewünschte Form umzuformen.

Die Umformung durch Treiben wird auch heute noch geübt, wenn sich auch die Gefäßausbildung durch Treiben weitgehend auf das Kunsthandwerk beschränkt und in der Industrie und im Handwerk hauptsächlich zu Ausbesserungsarbeiten dient, zur Beseitigung von Beulen und Falten (Karosseriebau) und zum Ausgleich von Spannungen.

Abb. 1. Mechanischer Treibhammer beim Treiben auf Amboß mit Gummieinlage. (*Joh. Kunz Söhne*, Werkzeugmaschinenfabrik, Kronberg/Taunus.)

Die Umformung einer Scheibe in ein Gefäß durch Treiben ist zeitraubend, wenn auch heute das sehr anstrengende und ermüdende Hämmern von Hand durch den Einsatz mechanisch arbeitender Hämmer (Abb. 1) erleichtert ist.

2. Drücken. Es war deshalb zweifellos ein großer Fortschritt, als es gelang, nahtlose Gefäße durch Drücken wesentlich schneller herzustellen. Beim Drücken wird die punktförmige Beanspruchung des Treibens dadurch sehr schnell auf eine Linie übertragen, daß die Blechscheibe, an der die Umformung vorgenommen wird, in Umlauf gesetzt wird. Dabei wird das Verfahren der Gefäßformung aus Ton mit Hilfe der Töpferscheibe nach Abb. 2 Pate gestanden haben. Die Entstehung der Drehbänke nach Abb. 3 in der ersten Hälfte des 19. Jahrhunderts half weiter. Bei den ersten Drehbänken wurde ausschließlich mit von Hand bewegten Drehstählen gearbeitet, die auf einer Drehstahlauflage abgestützt wurden, so wie Uhrmacher heute noch Dreharbeiten zu verrichten lernen. Mit diesen Drehbänken wurden die ersten Umformungen an einer umlaufenden Blechscheibe vorgenommen, wobei man die Blechscheibe mit Hilfe der Reitstockspindel gegen die Stirnfläche einer Form drückte und mit Hilfe eines Holzstabes die über die Form überstehende Ringfläche gegen die Form umlegte. Die Mittel und das Verfahren haben sich bis auf den heutigen Tag erhalten, denn auch heute noch bestehen die einfachen Drückbänke (Abb. 4) aus Spindelstock, Reitstock und Werkzeugauflage, die von einem gemeinsamen Bett getragen werden; die Umformung wird mit stabförmigen Werkzeugen vorgenommen.

Abb. 2. Formen von Gefäßen mit der Töpferscheibe.

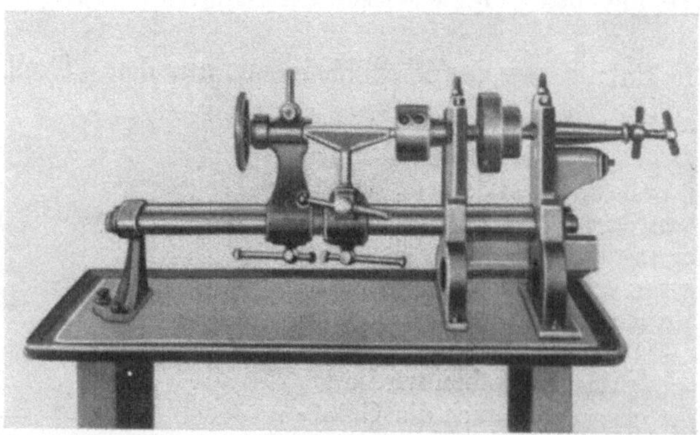

Abb. 3. Drehbank aus dem Jahre 1840 für Riemenantrieb über Stufenscheibe mit Auflage zum Drehen mit Handstählen. (*Mannhardt*, München.)

a) Mitten der Drückscheibe. Vor dem Beginn einer Umformung muß die Drückscheibe gemittet werden. Dazu wird die Drückscheibe e (Abb. 5) vor die Stirnfläche der Drückform, auch „Drückfutter" oder einfach „Futter" geheißen, gestellt und über eine Andrückscheibe v, „Vorsetzer" genannt, gegen die Stirnfläche der Form gepreßt. Der Anpreßdruck wird zunächst so groß gehalten, daß die in

Vorwort.

Metalldrücken ist eine Technik der spanlosen Umformung von Blechen, die in Gefahr geraten ist, vergessen zu werden, obwohl sie auch heute noch anerkannter Lehrberuf des Metallhandwerks ist. Es erscheint deshalb als dankbare Aufgabe, die Möglichkeiten der Umformung durch Metalldrücken und ihre Vorzüge anderen Verfahren gegenüber aufzuzeigen und abzugrenzen und sie weiteren Kreisen bekanntzugeben, insbesondere, weil die Einführung der Mechanisierung eine neue Betrachtung und Beurteilung erfordert.

Wenn das Werkstattbuch dazu beiträgt, Vergessenes aufzufrischen, Bestehendes festzuhalten und das Wissen zu erweitern, erfüllt es seinen Zweck.

Den Maschinenfabriken, die bereitwillig wertvolle Unterlagen zur Verfügung gestellt haben, besonders der Firma *Leifeld & Co.*, wird für ihre weitgehende Unterstützung aufrichtig gedankt.

I. Spanlose Umformung von Blechen durch Drücken.

A. Der Begriff „Metalldrücken".

Metalldrücken ist ein Verfahren, durch das eine ebene Metallscheibe spanlos in ein tiefes Gefäß umgeformt werden kann. Der Ursprung des Verfahrens ist nicht bekannt, aber zweifellos geht das Metalldrücken auf das älteste Verfahren der Blechumformung, das „Treiben", zurück.

B. Die Entstehung des Metalldrückens aus dem „Treiben".

1. Treiben. Beim Treiben wird durch Schläge mit Hämmern, die verschieden geformte Pinnen haben, Blech durch Druck punktförmig verdrängt, wobei es durch allmähliche Verlegung der Angriffsstellen und durch Veränderung der Schlagkraft gezwungen wird, sich in die gewünschte Form umzuformen.

Die Umformung durch Treiben wird auch heute noch geübt, wenn sich auch die Gefäßausbildung durch Treiben weitgehend auf das Kunsthandwerk beschränkt und in der Industrie und im Handwerk hauptsächlich zu

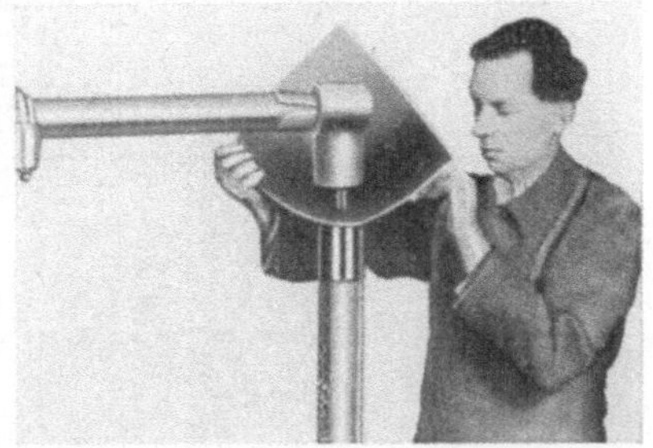

Abb. 1. Mechanischer Treibhammer beim Treiben auf Amboß mit Gummieinlage. (*Joh. Kunz Söhne*, Werkzeugmaschinenfabrik, Kronberg/Taunus.)

Ausbesserungsarbeiten dient, zur Beseitigung von Beulen und Falten (Karosseriebau) und zum Ausgleich von Spannungen.

Die Umformung einer Scheibe in ein Gefäß durch Treiben ist zeitraubend, wenn auch heute das sehr anstrengende und ermüdende Hämmern von Hand durch den Einsatz mechanisch arbeitender Hämmer (Abb. 1) erleichtert ist.

2. Drücken. Es war deshalb zweifellos ein großer Fortschritt, als es gelang, nahtlose Gefäße durch Drücken wesentlich schneller herzustellen. Beim Drücken wird die punktförmige Beanspruchung des Treibens dadurch sehr schnell auf eine Linie übertragen, daß die Blechscheibe, an der die Umformung vorgenommen wird, in Umlauf gesetzt wird. Dabei wird das Verfahren der Gefäßformung aus Ton mit Hilfe der Töpferscheibe nach Abb. 2 Pate gestanden haben. Die Entstehung der Drehbänke nach Abb. 3 in der ersten Hälfte des 19. Jahrhunderts half weiter. Bei den ersten Drehbänken wurde ausschließlich mit von Hand bewegten Drehstählen gearbeitet, die auf einer Drehstahlauflage abgestützt wurden, so wie Uhrmacher heute noch Dreharbeiten zu verrichten lernen. Mit diesen Drehbänken wurden die ersten Umformungen an einer umlaufenden Blechscheibe vorgenommen, wobei man die Blechscheibe mit Hilfe der Reitstockspindel gegen die Stirnfläche einer Form drückte und mit Hilfe eines Holzstabes die über die Form überstehende Ringfläche gegen die Form umlegte. Die Mittel und das Verfahren haben sich bis auf den heutigen Tag erhalten, denn auch heute noch bestehen die einfachen Drückbänke (Abb. 4) aus Spindelstock, Reitstock und Werkzeugauflage, die von einem gemeinsamen Bett getragen werden; die Umformung wird mit stabförmigen Werkzeugen vorgenommen.

Abb. 2. Formen von Gefäßen mit der Töpferscheibe.

Abb. 3. Drehbank aus dem Jahre 1840 für Riemenantrieb über Stufenscheibe mit Auflage zum Drehen mit Handstählen. (*Mannhardt*, München.)

a) Mitten der Drückscheibe. Vor dem Beginn einer Umformung muß die Drückscheibe gemittet werden. Dazu wird die Drückscheibe e (Abb. 5) vor die Stirnfläche der Drückform, auch „Drückfutter" oder einfach „Futter" geheißen, gestellt und über eine Andrückscheibe v, „Vorsetzer" genannt, gegen die Stirnfläche der Form gepreßt. Der Anpreßdruck wird zunächst so groß gehalten, daß die in

Umlauf gesetzte Scheibe von selbst ihre Lage nicht verändert, aber durch einen gegen ihren Umfang angesetzten Druck verschoben werden kann. Dieser Druck wird mit einem flachen Hartholzstab von Hand ausgeübt, wobei der Stab auf die Auflage gestützt wird und so eine starke Hebelübersetzung entsteht. Diese kann durch die Länge des Stabs und den Abstand der Auflage vom Scheibenrand verändert und so groß werden, daß auch mit Muskelkraft ein starker Verschiebedruck

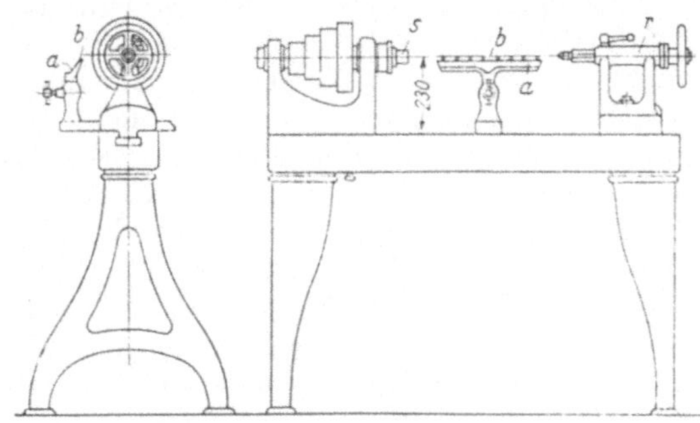

Abb. 4. Einfache Drückbank für Riemenantrieb mit Stufenscheibe. *s* Hauptspindel, *r* Reitstock, *a* Auflage, *b* Steckstifte. Sie läßt die Verwandtschaft mit der Drehbank der Abb. 3 klar erkennen.

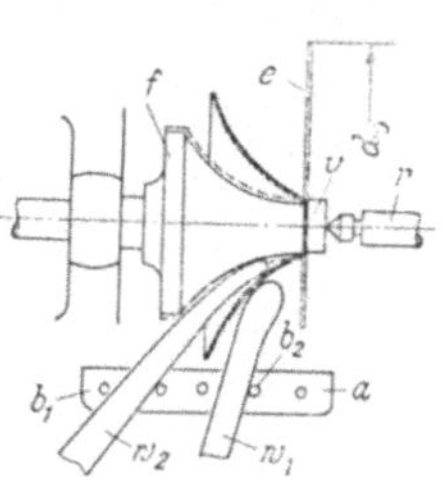

Abb. 5. Drückverfahren. Die Drückscheibe *e* vom Durchmesser d_0 wird an das Außenfutter *f* mit der Reitstockspindel *r* über den Andrücker (Vorsetzer) *v* angedrückt. b_1 und b_2 verstellbare Stifte, w_1 und w_2 Drückwerkzeuge.

ausgeübt werden kann. Wenn der Stab dem Umfang der Scheibe genähert wird, trifft er zunächst auf die Stelle des Umfangs, die am weitesten aus der Mitte steht. Er schiebt diese bei weiterem Vorschub zurück und bestreicht einen immer größer werdenden Teil des Umfangs. Wenn er den ganzen Umfang erfaßt hat, ist die Drückscheibe gemittet; die Umformung kann beginnen.

b) Umformung durch Drücken. Wie beim Mitten, wird auch bei der Umformung ein Stab als Werkzeug genommen und die Muskelkraft durch die Hebelübersetzung, die durch ihn erreicht wird, verstärkt. Der Stab ist aber ein Rundstab, dessen Durchmesser je nach der Größe des Drucks, der mit ihm ausgeübt werden muß, bemessen wird und bis 50 mm groß werden kann. Das Ende, mit dem geformt wird, ist abgerundet.

Abb. 6. Drücker bei der Arbeit. Zu beachten die günstige Stellung der Auflage zum Drückfutter und die Art des Ansetzens des Stabwerkzeuges gegen die Drückscheibe über Auflage und Steckstifte.

Zur Umformung wird der Drückstab auf die Auflage *a* (Abb. 5) gestützt, die 2 verstellbare Stifte b_1 und b_2 zur seitlichen Führung des Drückstabes trägt, und nach Abb. 6 etwa 45° geneigt, an der Kante der Stirnfläche des Drückfutters an der Drückscheibe angesetzt.

Die Auflage kann auf der ganzen Länge des Betts verstellt werden und das Werkzeug hat immer eine sichere und feste Auflage, da die Bettfläche (Abb. 47) nach vorne vorgebaut ist. Die Verstellung ermöglicht die Wahl der günstigsten Angriffstellung für den Drückstab, die in einem kleinen Bereich durch Veränderung der Stiftstellung in der Auflage auch während der Umformung beeinflußt werden kann. Die Auflage ist deshalb ziemlich lang und mit mehreren Löchern versehen, in die die Stifte gesteckt werden.

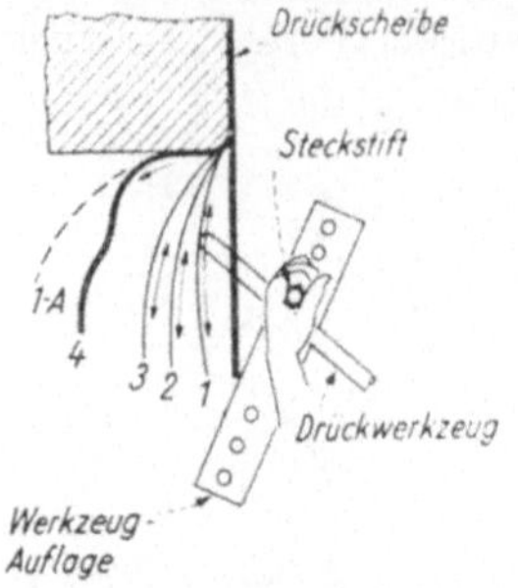

Mit einer Schwenkung des Drückstabs, der so lang ist, daß er bis unter die Achselhöhle des Drückers reicht, wird das Blech nach Abb. 7 auf eine kurze Strecke an das Drückfutter angelegt, im übrigen aber nach außen frei überstrichen. Streng genommen ist es nicht nur eine Schwenkbewegung, die ausgeführt wird, sondern es sind zwei, eine kurze zum Anlegen des Blechs an die Drückform und eine lange zum Überstreichen der über das Drückfutter überstehenden Ringfläche. Das Überstreichen ist notwendig, um der Neigung zur Faltenbildung entgegen zu wirken, die durch die Verringerung des Scheibendurchmessers hervorgerufen wird.

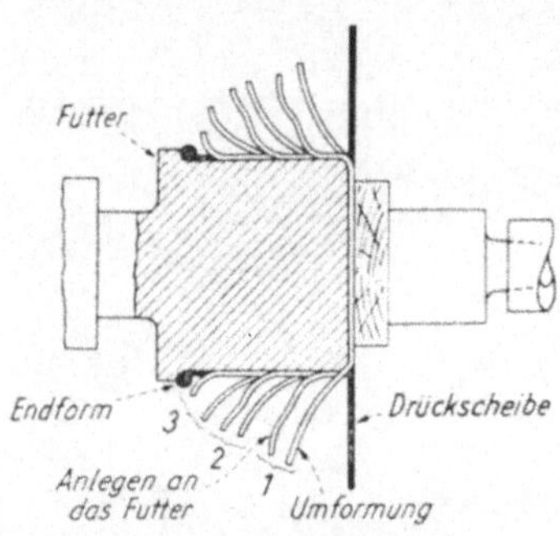

Abb. 7. Drückumformung in schematischer Darstellung. Der Drücker schwenkt den Drückstab mit seinem Körper gegen die Drückscheibe von innen nach außen und von außen nach innen nach den Bögen 1, 2, 3, nachdem er die Drückscheibe durch eine kurze Schwenkbewegung an das Drückfutter herangeführt hat [9].

Wie Abb. 8 zeigt, ist die volle Umformung nicht mit einer Schwenkbewegung des Drückstabes zu erreichen, sondern nur durch eine Reihe von aufeinander folgenden kleinen und großen Schwenkbewegungen, deren Zahl bei einem bestimmten Durchmesser mit der Gefäßtiefe wächst. Dabei müssen sich die kleinen Schwenkbewegungen nach Abb. 8 etwas überschneiden, damit eine volle und gleichmäßige Anlage des Blechs am Drückfutter erreicht wird.

Die Umformung wird ermöglicht, weil der Drücker das Blech so stark beansprucht, daß es zum Fließen und damit in den Zustand der bildsamen Formänderung kommt. Der Drücker bekommt durch Schulung und Erfahrung ein feines und besonderes Gefühl für den Werkstofffluß, das einen wesentlichen Bestandteil seines handwerklichen Könnens bildet. Dieses ist bei Drückarbeiten von Hand nicht auszuschalten und entscheidet oft den Erfolg.

1. Die Neigung zur Faltenbildung, die durch die Verringerung des Scheibendurchmessers bei der Umformung zum Gefäß entsteht, ist um so größer, je größer die Durchmesserverringerung sein muß, um zu der angestrebten Gefäßform zu kommen. Sie kann so groß werden, daß sie die Durchführung der Umformung unmöglich macht.

Die Neigung zur Faltenbildung hängt außer von der Durchmesserverringerung noch ab von der Blechdicke. Dicke Bleche neigen weniger zur Faltenbildung und lassen sich deshalb leichter

Abb. 8. Anlegen der Drückscheibe an das Drückfutter. Durch Wiederholung der Schwenkbewegungen nach Abb. 7 wird die Drückscheibe in den Stufen 1, 2, 3 an das Drückfutter angelegt, bis die verlangte Endform erreicht ist [9].

umformen. Je dünner die Bleche werden, desto größer wird die Neigung zur Faltenbildung; deshalb lassen sich Bleche mit einer geringeren Dicke als 0,6 mm nur noch sehr schwer und nur von sehr erfahrenen und geschickten Drückern umformen.

Um die Neigung zur Faltenbildung zu verringern bzw. die Entstehung von Falten zu verhindern, muß bei der Umformung die große Schwenkbewegung ausgeführt werden, mit der die ganze freie Ringfläche bestrichen wird. Die Wirkung dieser Schwenkbewegung (Abb. 5) kann dadurch verstärkt werden, daß man hinter der Drückscheibe, dem Drückstab w_1 gegenüber, einen Hartholzstab w_2 als Gegenhalter ansetzt, der die Schwenkbewegung mitmacht, so daß das Blech zwischen Drückstab und Gegenhalter hindurchgezogen und geglättet wird.

Eine andere Möglichkeit zur Verringerung der Faltenbildung, die immer vom größten Durchmesser, dem Rand, ausgeht, ist die Versteifung des Randes. Sie ist dadurch zu erreichen, daß man einen Teil der umzuformenden Ringfläche vor Beginn der eigentlichen Umformung umlegt, die Scheibe mit einem Rand versieht.

2. Umformung und Blechdicke. Durch die Beanspruchung des Blechs, insbesondere die Reibung des Werkzeugs, die während der Schwenkbewegung durch das Gleiten auf dem Blech entsteht, während es sich im Fließzustand befindet, wird die Dicke beeinflußt. Sie wird durch Zugspannung verringert, wenn die Schwenkbewegung nach außen geht. Da bei den üblichen Drückarbeiten die Blechdicke, die die Festigkeit des Erzeugnisses bestimmt, erhalten werden soll, muß angestrebt werden, die Schwenkbewegungen des Drückwerkzeugs so zu führen, daß die gleiche Zone der umzuformenden Fläche nur einmal überstrichen wird. Darüber hinaus formt man nicht nur durch Schwenkbewegungen von innen nach außen, sondern abwechselnd auch durch Schwenkbewegungen, die von außen nach innen gerichtet sind. Bei diesen Schwenkbewegungen entstehen radiale Druckkräfte, durch die das Blech verdickt wird.

Einem geschickten Drücker ist es möglich, die Blechdicke durch die Technik des Drückens weitgehend zu erhalten; im Durchschnitt muß aber mit einer gewissen Dickenabnahme gerechnet werden, deren Grad außer von der Erfahrung und der Geschicklichkeit des Drückers von der Form und von der Höhe des zu erstellenden Gefäßes abhängt.

C. Drücken als selbständiges Verfahren der Blechumformung.

Der augenfälligste Vorzug der Umformung einer ebenen Blechscheibe in ein nahtloses Gefäß durch Drücken ist der geringe Aufwand an Arbeitsmitteln, die erforderlich sind, sowie die daraus entstehende Wendigkeit und schnelle Lieferbereitschaft. Neue Werkstücke können durch Drücken in kürzerer Zeit erstellt werden, als sie beim Tiefziehen allein der Entwurf von geeigneten Ziehwerkzeugen fordert. Aus diesem Grund ist das Drückverfahren für Einzelstücke und kleine Serien das billigste und wirtschaftlichste Umformverfahren, besonders geeignet für Muster zur Erprobung der Form und der Festigkeit vor der Freigabe der Massenfertigung.

Mit dieser Aufgabe ist das Gebiet des Drückens aber nur begrenzt, wenn bei der Massenfertigung die Herstellkosten anderer Verfahren geringer sind. Dies ist um so weniger zu erwarten, je schwieriger die Werkstückform und je größer deshalb die Werkzeug- und Einrichtungskosten bei anderen Verfahren der spanlosen Umformung werden.

Aber nicht nur schwierige und verwickelte Formen können durch Drücken auch in Massen leichter und billiger hergestellt werden, sondern auch bestimmte einfache Formen. Dabei hat das Drücken dem Tiefziehen gegenüber den Vorzug, daß es selbst bei großen Abmessungen der Werkstücke mit verhältnismäßig geringen Maschinenleistungen auskommt, weil die Umformung einer Scheibe nicht am ganzen Umfang auf einmal, sondern nur örtlich erfolgt.

Grundsätzlich lassen sich alle Formen drücken, in allen Größen, sofern es sich um Umdrehungs-Hohlgefäße handelt; der Bereich des Drückens ist also sehr groß.

3. Kalt-Drücken. Die Umformung durch Drücken wird meist kalt durchgeführt. Das setzt voraus, daß die Bleche, die umgeformt werden, ein gutes Form-

änderungsvermögen besitzen. Dies kann von Blechen vorausgesetzt werden, die
aus Werkstoffen der Tab. 1 hergestellt werden. Die Umformung bei Raumtemperatur erfordert große Kräfte, die durch Muskelkraft von einem Mann allein oder
zwei Männern nur bis zu einer bestimmten Grenze aufgebracht werden können.
Darüber hinaus müssen die Umformkräfte mechanisch gewonnen werden. Bei
Aluminiumblechen liegt die Grenze bei Dicken von 1,5 bis 2 mm, bei anderen
Blechen im umgekehrten Verhältnis der Festigkeit darunter.

Tabelle 1. *Werkstoffe, die kalt gedrückt werden.*

Gruppe   I: Leichtmetalle
    Al 99,9   Al Mg
    Al 99,5   Al Mg Mn
    Al Mn   Al Mg Si
	Gruppe IV: Edelmetalle
	    Platin
	    Gold
	    Silber

Gruppe II: Nichteisenmetalle
    Blei   Nickel
    Kupfer   Monel
    Messing Inconel
    Tombak Zinn
            Zink
	Gruppe V: Plattierte Metalle
	    a) Stahl als Grundstoff mit
	       Deckstoff aus:
	       Nichteisenmetallen
	       Nichtrostendem Stahl
	    b) Nichteisenmetalle, insbesondere Nickel und Kupfer mit:
	       Edelmetallen
	       Al 99,9
	       Al 99,5

Gruppe III: Stahl
    Emaillierblech
    Ziehblech
    Tiefziehblech
    Nichtrostender Stahl
	c) Al-Legierungen mit:
	       Al 99,9 und Al 99,5
	Gruppe VI: Sonstige Metalle
	    Tantal

4. Die Gefäßformen. So verschieden die Gefäßformen sein mögen, so können
sie doch auf 3 Grundformen zurückgeführt werden:

kegelige (Kegel und Kegelstümpfe) nach Abb. 9,
kugelige (Halbkugeln, Kugelzonen, Kugelabschnitte, Kreisringe, Paraboloide) nach Abb. 10,
zylindrische (Zylinder, Zylinderringe) nach Abb. 11.

Formen (Abb. 12), die nicht zu einer dieser Grundformen gehören, weil die
erzeugende Mantellinie einfach oder mehrfach gekrümmt oder unstetig ist, oder
weil Bögen mit geraden Strecken verschiedener Richtung abwechseln, können auf
die einfachen Formen zurückgeführt werden, wenn man sie so unterteilt bzw.
unterteilt denkt, daß die Teilformen den Grundformen entsprechen. Es ist also
jede Form, die nicht selbst Grundform ist, aus Grundformen zusammengesetzt
und aufgebaut.

Diese Überlegung ist wichtig, denn sie läßt Schlüsse auf die Herstellungsmöglichkeit der Endform zu, und damit auch auf die Prüfung, ob ein Gefäß die zu
seiner Erstellung günstigste Form aufweist. Diese Prüfung ist immer notwendig,
denn sie läßt (Abb. 13) oft Änderungen der Form durchsetzen, die die Herstellung
erleichtern, ohne daß sie den Verwendungszweck oder die Festigkeit beeinträchtigen.
Am günstigsten sind weiche Formen, Stromlinienformen, Formen ohne schroffe
Übergänge.

Die 3 Grundformen sind nicht gleich gut zu erstellen. Wie schon ausgeführt
worden ist, beeinflußt die Durchmesserverringerung am Rand der Drückscheibe
die Umformung. Gleichbedeutend ist der Winkelweg, den das Blech — insbesondere der Blechrand — beschreiten muß, um zur Anlage zu kommen. Dieser
Winkelweg ist bei kegeligen Formen am kleinsten und darum sind sie am leichtesten

zu erstellen, vor allem, wenn die Kegelwinkel stumpf sind. Die Schwierigkeit
wächst, wenn der Kegelwinkel spitzer wird. Wird der Kegelwinkel 0, d. h. rückt
die Kegelspitze ins Unendliche, wird der Kegel zum Zylinder und die Umformung
am schwierigsten.

Abb. 9. Kegelige Gefäßformen.　　　Abb. 10. Kugelige (gewölbte oder　　　Abb. 11. Zylindrische Gefäß-
　　　　　　　　　　　　　　　　　　　　　gerundete) Gefäßformen.　　　　　　　　　formen.

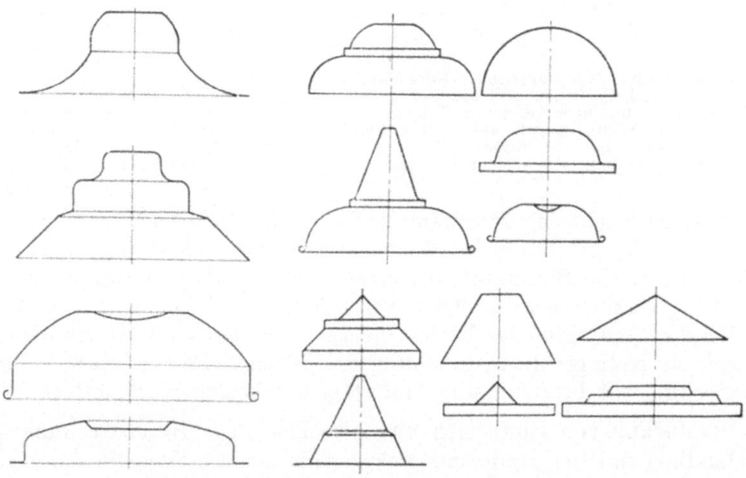

Abb. 12. Umdrehungsgefäße mit beliebig geformten erzeugenden Mantellinien.

Kugelige Formen können als Form gedacht werden, die durch Aneinanderreihung von unendlich kleinen Kegelstümpfen mit immer kleiner werdenden Kegelwinkeln entstanden ist. Die Umformung ist den großen Kegelwinkeln entsprechend

zunächst leicht und wird zunehmend schwieriger. Kugelige Gefäße sind also mittelgut zu drücken.

Schwierigkeitsunterschiede beim Drücken gibt es nicht nur durch die geometrische Form, sondern bei einer bestimmten Form auch durch das Verhältnis von Durchmesser und Höhe. Höhere Gefäße erfordern eine größere Fläche zur Umformung und damit eine stärkere Durchmesser-Verringerung. Ist der Durchmesser der Drückscheibe d_0 und der lichte Durchmesser des zu erstellenden Gefäßes d_1, dann bezeichnet man das Verhältnis von Drückscheibendurchmesser zu Gefäßdurchmesser als Drückverhältnis $\beta_u = d_0/d_1$, das als Maß für die Schwierigkeit der Umformung angesehen werden kann. Schwierigkeitsunterschiede gibt es aber auch durch die Werkstoffe, denn nicht alle sind gleich bildsam.

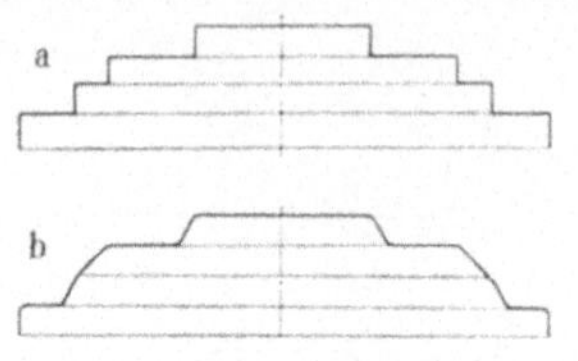

Abb. 13. Gefäßform und Drückeignung. *a* Form mit scharfeckigen Schultern, schwierig zu drücken; *b* Form mit abgeschrägten und gut gerundeten Schultern, gut zu drücken.

5. Blech-Strecken. Bei den gewöhnlichen Umformungsarbeiten wird angestrebt, die ursprüngliche Blechdicke zu erhalten, also zu verhüten, daß die Beanspruchung des Blechs bei der Umformung zu einer Schwächung führt. In manchen Fällen ist eine Blechschwächung nicht nur zulässig, sondern sie wird angestrebt. Dies ist besonders bei Kochtöpfen für elektrische Kochplatten und Herde (Abb. 14 u. 15 a und b) der Fall, die einen so dicken Boden haben müssen, daß er sich weder durch die mechanische Beanspruchung noch durch die Wärmebeanspruchung ändert, sondern immer flach bleibt und so für einen günstigen Wärmeübergang sorgt.

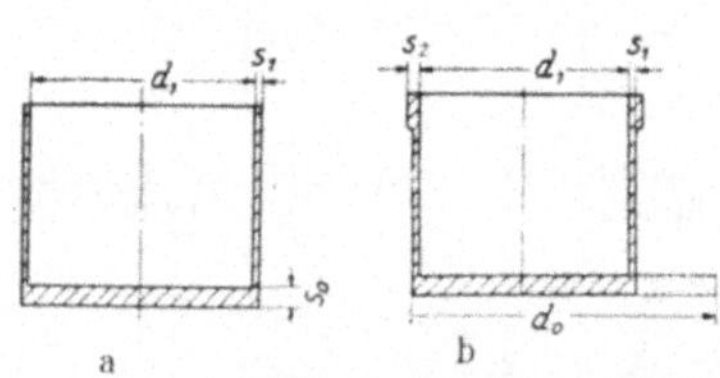 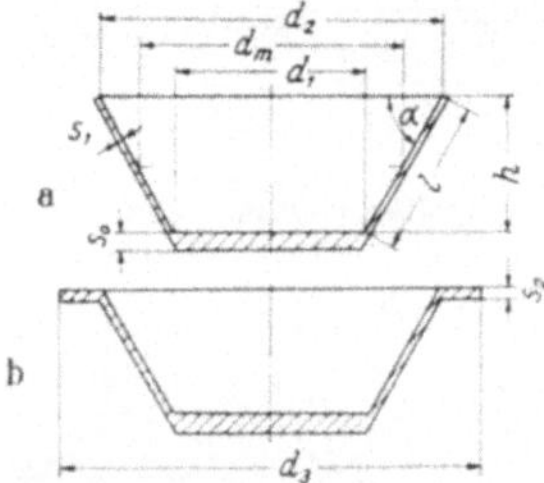

Abb. 14. Kochtöpfe für elektrische Kochplatten und Herde mit dickem Boden und schwacher (gestreckter) Wand. *a* mit über die ganze Höhe gleichmäßig gestreckter Wand; *b* mit gestreckter Wand von der Dicke s_1, aber verstärkter bzw. weniger geschwächter Mündungszone von der Dicke s_2.

Abb. 15. Kegeliges Gefäß mit gleichmäßig gestreckter Wand von der Dicke s_1 und dickem Boden von der Dicke s_0. *a* einfache Ausführung; *b* mit Flachrand.

Die Wand der Kochtöpfe aber kann und soll die übliche Dicke bekommen (s_1 in Abb. 14 u. 15), höchstens am Rand eine Verstärkung behalten (s_2). Bei Kochtöpfen kann eine so starke Streckung angestrebt werden, daß die ursprüngliche Blechdicke auf $1/4$ verringert wird. Ist die ursprüngliche Blechdicke s_0 und die fertige Wanddicke s_1, dann gibt das Verhältnis $s_0/s_1 = \beta_s$ ein Maß für die Streckung und die durch sie bedingte Beanspruchung des Blechs. Der erreichbare Grad β_s der Blechstreckung ist begrenzt und ändert sich mit der Werkstoffart.

6. Verbindung von Umformen und Strecken. Die Blechstreckung kann auch in Verbindung mit der Umformung vorgenommen werden, die durch die Durchmesserverringerung erreicht wird. In diesem Fall ist die Gesamtbeanspruchung, die das Blech erfährt, gleich dem Produkt der Teilbeanspruchungen, also, da diese sich aus dem Verhältnis d_0/d_1 bzw. s_0/s_1 ergeben,

$$\beta_{\text{ges}} = \beta_u\,\beta_s = \frac{d_0 s_0}{d_1 s_1}.$$

Da die Gesamtbeanspruchung des Drückblechs die Möglichkeit der Umformung begrenzt, geht aus dem Verhältnis hervor, daß die Durchmesserabnahme verringert werden muß, wenn gleichzeitig gestreckt wird, und daß das Maß der Blechstreckung verringert werden muß, wenn gleichzeitig umgeformt werden soll. Dennoch ist die Verbindung von Umformen und Blechstreckung zweckmäßig; sie läßt bei zylindrischen Gefäßen die Grenze der zulässigen Blechbeanspruchung schneller und leichter erreichen und verringert bei kegeligen Gefäßen die Neigung zur Faltenbildung ganz, wenn mit den Bezeichnungen der Abb. 15

$$s_1 = s_0 \cos \alpha.$$

Unter dieser Voraussetzung lassen sich kegelige Gefäße größter Tiefe leicht herstellen.

7. Warm-Drücken. Die Umformung bei Raumtemperatur erfordert hohe Kräfte; diese steigen mit der Blechdicke und mit der Festigkeit des Werkstoffs. Der Bau der Maschinen gibt die Möglichkeit, die erforderlichen Kräfte zu schaffen und zu beherrschen. Große Drückbänke sind aber nicht immer vorhanden und manche Werkstoffe, wie die der Tab. 2, lassen sich kalt nicht umformen. In diesen

Tabelle 2. *Werkstoffe, die besser warm gedrückt werden oder warm gedrückt werden müssen.*

Gruppe I: Leichtmetalle	Gruppe II: Plattierte Metalle
Al Mg Al Mg Cu Al Mg Mn Mg Al Mn Al Mg Si	Al-Legierungen mit Al 99,9 und Al 99,5 Al Mn Mg-Legierungen mit Mg Mn

Gruppe III: Alle Werkstoffe der Tab. 1,
wenn Kaltumformung erleichtert werden soll, insbesondere
bei großer Blechdicke

Fällen ist es möglich, die Bildsamkeit des Werkstoffs dadurch zu verbessern oder herzustellen, daß die Umformung bei höherer Temperatur vorgenommen wird, am besten bei der Warmwalztemperatur des umzuformenden Werkstoffs, die Tab. 3 angibt. Durch die Erwärmung wird die Festigkeit des Werkstoffs auf einen Bruchteil herabgesetzt und seine Dehnungsfähigkeit im gleichen Maß gesteigert. Die Unterschiede in der Drückeignung der verschiedenen Werkstoffe verschwinden.

Tabelle 3. *Warmumformungstemperaturen für verschiedene Werkstoffe in ° C.*

Stahl	900—1000	Inconel	1000—1260
Nichtrostender Stahl	850—1000	Kupfer	600— 800
Nickel	870—1260	Messing	750— 830
Monel	870—1200	Aluminium und Al-Legierungen	350— 450

Die Erwärmung ist aber oft unangenehm und erfordert einen erheblichen Aufwand an Wärmeenergie. Diese ist bei Leichtmetallen noch verhältnismäßig einfach auf die Drückscheiben zu übertragen, da die Temperatur nicht sehr hoch zu sein braucht. Man braucht keinen besonderen Ofen, sondern kann am Körper der Drückbank einen oder mehrere Bunsenbrenner oder Schweißbrenner so anordnen, daß ihre Flammen gegen die Drückscheibe strahlen und diese erwärmen. Die richtige Temperatur, die zwischen 350 und 450° C liegen muß, ist erreicht, wenn ein Fichtenholzstab, mit dem man über die Drückscheibe streicht, braune Spuren hinterläßt. Auch mit Farben, die sich beim Erreichen einer bestimmten Temperatur verfärben, ist eine hinreichend genaue Überwachung der Temperatur möglich.

Werden die Bleche dick, dann werden sie zweckmäßig in einem Ofen erwärmt, da die Erwärmung mit Bunsenbrennern zu lange dauern würde und zu unwirtschaftlich wäre. Man kann diese aber noch benützen, um eine zu schnelle Abkühlung während der Umformung zu verhindern.

Scheiben, die sehr hohe Temperaturen erfordern, insbesondere Stahlscheiben, müssen immer in einem Glühofen erwärmt werden. Um die Gefahr der Abkühlung auf dem Weg vom Ofen zur Drückbank klein zu halten, wird der Ofen zweckmäßig so nahe wie möglich an die Drückbank gestellt. Je geringer die Abkühlung ist, desto größer kann die Umformung sein, die mit einer Erwärmung zu erreichen ist.

Sorgfältig muß darauf geachtet werden, daß eine untere Grenze der Temperatur nicht unterschritten wird, da sonst unerwünschte Gefügeänderungen oder gar Kaltbrüche eintreten können, diese besonders bei nichtrostenden Stählen, für die die untere zulässige Warmarbeitstemperatur bei $850°$ C liegt. Die hohen Temperaturen lassen sich mit optischen Pyrometern einfach und zuverlässig überwachen. Wenn die untere Temperaturgrenze erreicht wird, bevor die Umformung ganz beendet ist, muß nachgewärmt werden. Dies kann sich bei Blechen, die schnell abkühlen, insbesondere bei großen, dünnen Scheiben, des öfteren als notwendig erweisen. Auf jeden Fall empfiehlt es sich, lieber einmal zu viel als einmal zu wenig zu erwärmen.

Die Warmumformung hat sich bei Stahlblechen bei der Herstellung großer und dicker Kesselböden nach Abb. 20, die Gewichte von vielen Tonnen haben können, hervorragend bewährt. Sie hat hier den besonderen Vorteil, daß sich die Spannungen, die bei der Umformung im Blech entstehen, in der eigenen Wärme auslösen, während die Kaltumformung eine besondere Entspannungsglühung oder Normalglühung erfordern würde.

Kesselböden, die für Druckkessel bestimmt sind, unterliegen der Überwachung der Vereinigung technischer Überwachungsvereine (TÜV) und müssen den Vorschriften entsprechen, die diese für den Bau von Landdampfkesseln (BDL) herausgegeben haben.

a) Die Erwärmung zur Warmumformung. Wenn die Abmessung der Drückscheiben oder die Höhe der Temperatur, die erreicht werden soll, eine Glühung in einem besonderen Ofen erfordern, wird zweckmäßig ein Muffelofen gewählt, damit — wenn von der teueren elektrischen Beheizung abgesehen wird — die Heizgase nicht an die zu glühenden Bleche gelangen. Grundsätzlich könnte zur Erwärmung auch ein Plattenofen genommen werden, bei dem die Heizgase die Bleche umspülen, und der durch die unmittelbare Berührung zwischen Heizgasen und Glühgut die schnellste Wärmeübertragung erreicht. Er hat aber die Gefahr, daß die Heizgase je nach ihrer Zusammensetzung die Werkstoffeigenschaften verändern. So würde beim Glühen von Nickelblechen die Anwesenheit von Schwefel in den Heizgasen diese Bleche brüchig und für die Umformung ungeeignet machen.

Auf Kupfer hat Schwefel die gleich schädliche Wirkung; Kupfer kann darüber hinaus auch durch freien Wasserstoff leiden.

Auf andere Werkstoffe wirken andere Stoffe schädlich. Wenn man einen Plattenofen verwenden will, muß man die Zusammensetzung der Heizgase genau ermitteln, den möglichen Einfluß der Bestandteile auf die verschiedenen Werkstoffe kennen und die Schädigung durch besondere Reinigungsverfahren entfernen. Dies ist nicht einfach. Man umgeht deshalb besser die Schwierigkeiten dadurch, daß man die Heizgase vom Glühgut dadurch freihält, daß man dieses in einer Muffel von äußeren Einflüssen abschließt.

Will man ein Übriges tun, dann kann in der Muffel sogar eine neutrale Atmosphäre geschaffen werden, durch die auch einer Oxydierung weitgehend vorgebeugt werden kann.

Nichtrostende Stahlbleche oder mit solchen Blechen plattierte Stahlbleche sind gut wärmebeständig und bleiben auch bei der Erwärmung auf Warmwalztemperatur blank. Aus diesem Grund werden nicht selten plattierte Bleche den gewöhnlichen Blechen vorgezogen, besonders im Behälterbau, bei dem andernfalls zum Ausgleich der Rostgefahr Zuschläge zur errechneten und an sich ausreichenden Blechdicke gemacht werden müssen.

b) Die Förderung beim Warm-Drücken. Die Verringerung der Abkühlung bei der Förderung der erwärmten Drückscheiben vom Glühofen zur Drückbank, die durch die räumliche Nachbarschaft der Einrichtungen angestrebt wird, muß auch durch geeignete, die schwierige Handhabung der glühenden Bleche erleichternde mechanische Fördereinrichtungen unterstützt werden. Als solche haben sich gabelförmige Hebeeinrichtungen, die von Kränen getragen werden, besondere Gabelkräne und Gabelstapler bewährt.

Die ersten sind weitgehend ortsgebunden, während die letzten frei beweglich sind, so daß sie nach Bedarf an den verschiedensten Stellen und zu den verschiedensten Aufgaben des Betriebes eingesetzt werden können, insbesondere auch zur Förderung der Werkzeuge und zu deren Einbau in die Maschinen.

8. Die Genauigkeit der Drückarbeit. Wie bei jeder handwerklichen Arbeit, ist auch bei der Drückarbeit — und bei dieser ganz besonders — die Güte und die Genauigkeit der Arbeit ganz wesentlich von persönlichen Einflüssen abhängig. Abgesehen davon, daß die Werkzeugwahl, die dem Drücker überlassen wird, sehr wichtig ist, ist auch die Art und Weise, wie die Umformung vorgenommen wird, die Handhabung der Werkzeuge, der größere oder schwächere Druck, der mit ihnen ausgeübt wird, und der infolge von Ermüdungserscheinungen unbewußt schwankt, von großer Bedeutung. Schon aus diesen Gründen kann man bei Drückarbeiten nicht mit den Genauigkeiten rechnen, die bei spanabhebender Bearbeitung erreicht werden. Zu den persönlichen Einflüssen kommen aber die Einflüsse des Werkstoffs und der Werkzeuge hinzu.

Jeder Werkstoff federt nach der Umformung zurück. Der Betrag der Rückfederung hängt wesentlich ab von der Härte des Werkstoffs; sie ist bei weichen Werkstoffen am geringsten, so daß bei diesen mit den geringsten Maßabweichungen gerechnet werden kann.

Harte und feste Drückfutter verbessern die Arbeitsgenauigkeit, insbesondere bei Werkstoffen von hoher Festigkeit, bei denen so starke Drücke ausgeübt werden müssen, daß ein weicherer Futterwerkstoff, z. B. Holz, nachgeben würde.

Tab. 4 gibt eine Übersicht über Maßabweichungen, mit denen bei den üblichen Drückverfahren gerechnet werden kann. Durch besondere Sorgfalt und mit erheblichem Aufwand lassen sich diese Abweichungen verringern, doch sollte dies eine Ausnahme bleiben.

Schwieriger als beim Drücken bei Raumtemperatur sind die Verhältnisse beim Warm-Drücken. Zwar kann bei der durch die Erwärmung erreichten Bildsamkeit die Rückfederung praktisch vernachlässigt werden; dafür kommt aber die Veränderung, die die Temperatur während der Umformung bedingt, hinzu. Wenn die Temperatur immer gleich bleiben würde, könnte ihr Einfluß durch einen ent-

Tabelle 4.
Allgemein erreichbare Arbeitsgenauigkeit beim Drücken.

Werkstückdurchmesser in mm	± Abmaße in mm
≦ 600	0,4—0,8
600—1200	0,8—1,6
1200—3000	1,6—3,2

sprechenden Zuschlag ausgeglichen werden; da sie aber Schwankungen unterliegt, wird sie die Maßabweichungen erhöhen.

Diese lassen sich bei niedrigen Temperaturen in einem gewissen Umfang berichtigen, sind sie aber zu groß, dann müssen die Werkstücke noch einmal nachgewärmt und warm nachgeformt werden.

Verringert werden können die Maßabweichungen durch Mechanisierung von Druck und Vorschubgeschwindigkeit, weil dadurch die durch persönliche Einflüsse bedingten Schwankungen ausgeschaltet sind.

Wie die Maßgenauigkeit, ist auch die Güte und das Aussehen der gedrückten Oberfläche von persönlichen Einflüssen, den Werkzeugen und der Werkstoffgüte abhängig. Um eine möglichst gute Oberfläche zu erzielen, wird ein guter Drücker, wenn er die erstrebte Gefäßform erreicht hat, diese noch einmal mit einem flachgewölbten, gut gehärteten und polierten Drückstahl mit möglichst langen Schwenkbewegungen überstreichen, um die Oberfläche von etwa vorhandenen Druckrillen und Wellen zu befreien und so gut als möglich zu glätten. Mit dieser Glättarbeit wird gleichzeitig eine gleichmäßige und gute Anlage des Blechs an das Drückfutter gesichert.

Die Glättarbeit wird um so erfolgreicher sein, je härter das Drückfutter und je besser seine Oberfläche ist. Wenn ganz besondere Anforderungen an die Oberfläche gestellt werden, wird man die Drückfutter zweckmäßig härten, polieren und hart verchromen.

Bei weichen Futtern, insbesondere Holzfuttern, ist die Gefahr, daß sie unter dem Druck des Werkzeugs nachgeben, sehr groß. In solchen Fällen wird die Oberfläche des Werkstücks uneben und wellig, weil der Drückstahl immer wieder angesetzt wird und gewissermaßen stufenweise arbeitet.

Genügt die Oberfläche, wie sie nach der Drückumformung vorliegt, nicht, so kann sie auf einfache Weise überdreht werden. Dadurch wird sie gleichmäßig und glatt.

Beim mechanischen Drücken ist die Oberflächengüte wesentlich besser als beim Hand-Drücken. Wenn die Umformung noch mit einer Blechstreckung verbunden wird, entsteht, insbesondere bei hochwertigen Metallen und nichtrostenden Stählen, mit geeigneten Werkzeugen eine völlig blanke, geradezu polierte, Oberfläche.

9. Nachformen. Das einfachste mechanische Drückverfahren ist das Nachformen[1], bei dem das vorgeformte Werkstück oder ein besonders geformter Blechzylinder in die gewünschte Endform gebracht wird. Einen solchen Blechzylinder aus nichtrostendem Stahl, der aus einem rechtkantig geschnittenen Blech gerundet und durch Schweißen der zusammenstoßenden Enden geschaffen wurde, zeigt Abb. 16.

Abb. 16. Drücken von Zylindern aus nichtrostendem Stahlblech wird „Nachformen" genannt, wenn der Werkzeugvorschub sowohl radial als auch axial selbsttätig abläuft. (*Leifeld & Co*, Werkzeug- und Maschinenbau, Ahlen i. Westf.)[2]

---

[1] Mitunter auch „Kopieren" genannt. Dieses Fremdwort sollte man ausmerzen, zumal das deutsche Wort „Nachformen" den Vorgang viel besser kennzeichnet.

[2] Die Firmenangaben bei den Abb. werden nur das erste Mal ausführlich, bei Wiederholungen gekürzt, wiedergeben.

Durch die mechanisierte radiale und axiale Bewegung werden Nachformdrückarbeiten gleichmäßig genau.

D. Drücken in Verbindung mit Preßarbeiten.

10. Allgemeine Verbindung. Die Umformung durch Drücken ist nicht nur als selbständiges Verfahren wichtig; von ebenso großer Bedeutung ist seine Verbindung mit anderen Verfahren der spanlosen Umformung, dem Schneiden mit Schnitten und dem Formstanzen, ganz besonders aber mit dem Tiefziehen. Dabei kann Drückarbeit sich abwechseln mit anderen Verfahren, kann zur Vorarbeit dienen oder zur Endbearbeitung vorgeformter Werkstücke. Wie die Verbindung sein soll, wird danach entschieden, welches Verfahren für eine bestimmte Formgebung am einfachsten und am schnellsten ist.

11. Drücken und Formstanzen im Wechsel. Die Aufeinanderfolge von Drücken und Formstanzen ist bei der Fertigung von Ringen nach Abb. 17 zweckmäßig und

Tabelle 5. *Arbeitsfolge zur Anfertigung des Abschluß- und Verstärkungsringes nach Abb. 17 im Tiefziehverfahren.*

1. Schneiden von Streifen 620 mm breit mit der Tafelschere.	5. Schneiden der Ringhöhe 40 mm auf Drehbank oder Drückbank.
2. Schneiden der Ziehscheiben 620 $\varnothing$ mit Schnitt.	6. Formstanzen der Ringnut und Umbilden des Innenrands zu einem Stehbord (Winkelbord).
3. Tiefziehen eines Napfes 535 $\varnothing$, 50 hoch mit Ziehpresse.	7. Rollen mit Rollstanze auf Exzenterpresse.
4. Lochen des Napfbodens mit Schnitt 450 $\varnothing$.	

vorteilhaft, insbesondere wenn die Serien, in denen gefertigt werden muß, nicht allzu groß sind, also nicht in die tausende gehen. In diesen Fällen wird auf die technisch mögliche und einfache Fertigung mit Zieh- und Stanzwerkzeugen allein mit den Arbeitsgängen nach Tab. 5 verzichtet und eine teilweise Verwendung des

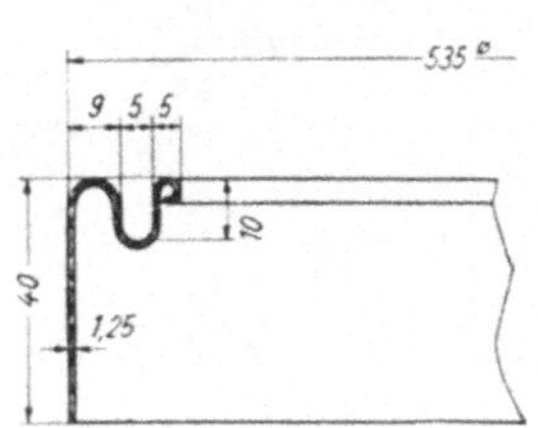

Abb. 17. Abschluß- und Verstärkungsring für die Mündung eines großen Blechzylinders aus Stanzblech 1,25 mm.

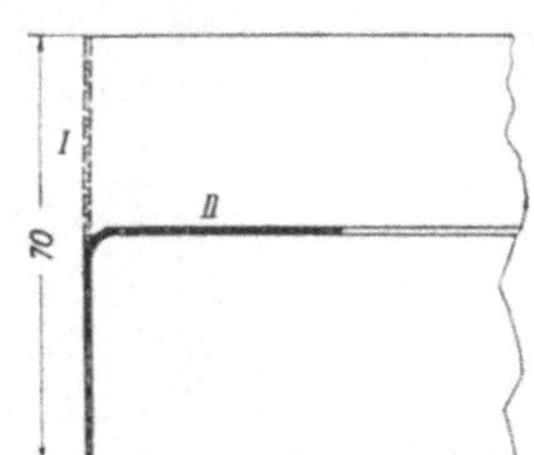

Abb. 18. Blechring 70 mm hoch als Ausgangsform *I* zur Erstellung des Abschlußrings (Abb. 17) über die Vorform *II*. die durch die Ausbildung einer Ringzone zum Innenflansch entsteht.

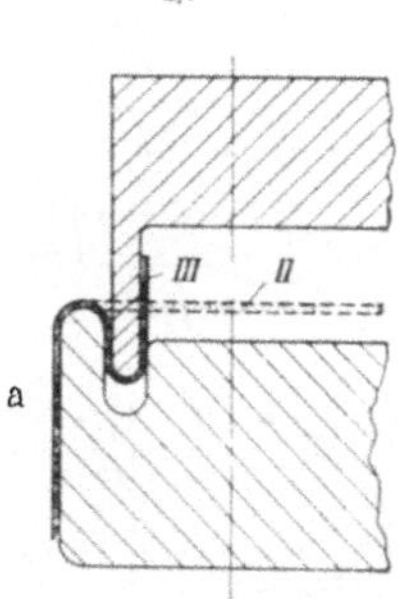

Abb. 19 a u. b. Formstanzwerkzeug zur Weiterformung der Vorform *II* (Abb. 18). *a* Formstanzen der Ringnut und Ausbildung der Zwischenform *III*. Das Drückfutter ist gleichzeitig Unterteil des Formstanzwerkzeuges, *b* Drückrolle zur Umformung der Zwischenform *III* in einen Rollrand.

Drückverfahrens nach Abb. 18 u. 19 vorgezogen, damit Einrichtungskosten gespart werden, die in Anbetracht des großen Ringdurchmessers unangenehm hoch werden würden.

Zunächst wird der zylindrische Ring *I* nach Abb. 18 durch Drücken in einen Winkelring *II* umgeformt, dann wird die schmale, tiefe Nut in der Stirnfläche des Winkelrings nach Abb. 19a durch Formstanzen ausgebildet und schließlich wieder durch Drückarbeit der versteifende Rollbord am Innenrand des Winkelrings (Abb. 19b) angebracht. Grundsätzlich kann auch eine Nut durch Drücken entstehen; die des Rings ist aber im Verhältnis zur Tiefe so schmal, daß das Werkzeug, das zur Ausbildung erforderlich wäre, sehr schwach und empfindlich werden

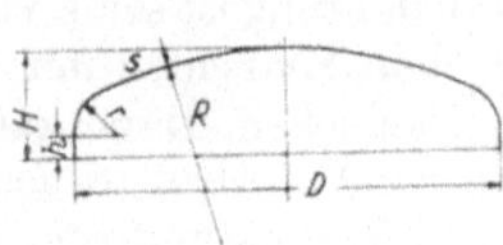

Abb. 20. Boden für Druckkessel aller Art mit Durchmessern bis 6000 mm und Dicken bis 160 mm. $R = D$; $r = 0,1\,D$; $H = 0,2\,D + 3,5\,s$; $h = 3,5\,s$.

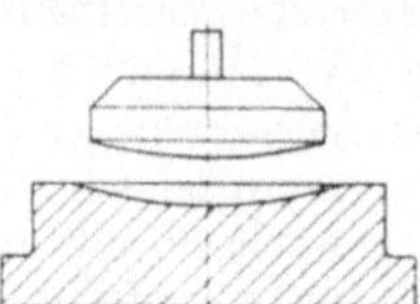

Abb. 21. Kümpelwerkzeug, ein einfaches Formstanzwerkzeug, zur Umformung großer Scheiben in Teilflächen, bestehend aus Stempel und Matrize.

würde. Um die Kosten für das Stanzwerkzeug (Abb. 19) möglichst niedrig zu halten, wird der Stahlring, der als Drückfutter für die Ausbildung des Winkelrings dient, auf der Unterseite so geformt, daß er zunächst als Unterteil beim Formstan-

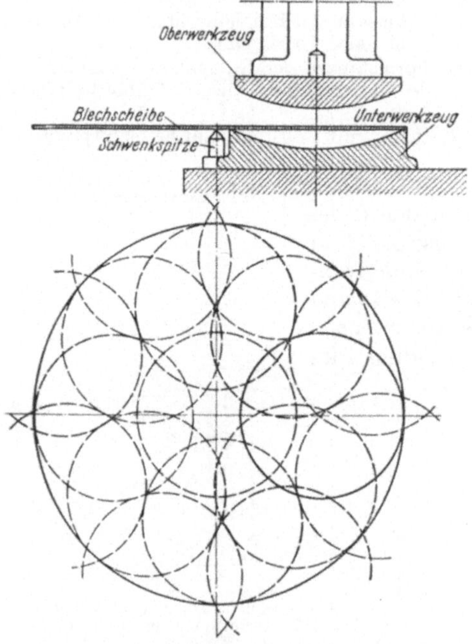

Abb. 22. Aneinanderreihung der Kümpelformungen in konzentrischen Kreisflächen von außen nach innen.

Abb. 23. Reibspindelpresse in Portalbauart als Sonderpresse der Kümpelformung.
(*Schleifenbaum & Steinmetz*, Maschinenfabrik, Weidenau-Sieg.)

zen und außerdem als Drückfutter für die Ausbildung des Rollbords verwendet werden kann. Zum Formstanzen ist dann nur noch ein Formstempel erforderlich, der aus einem aus Flachmaterial durch Runden und Schweißen entstandenen Ring ausgedreht werden kann.

Kümpeln und Bördeln. Von besonderer Bedeutung ist die Aufeinanderfolge von Formstanzen und Drücken bei der Fertigung von Kesselböden der verschiedensten Größen nach Abb. 20. Diese Böden werden aus Kreisscheiben gefertigt, die durch Kümpeln gewölbt und anschließend durch Drücken mit einem abgebogenen Rand oder Flansch versehen werden. *Kümpeln* ist ein Formstanzen mit einem unter Berücksichtigung der Rückfederung des Bleches der anzustrebenden Wölbung entsprechend geformten Stanzwerkzeug (Abb. 21), dessen Fläche einer beliebigen Teilfläche des zu erstellenden Bodens entspricht, so daß es die ganze Bodenfläche durch Aneinanderreihen von Teilumformungen (Abb. 22) wölben kann. Zur Ausführung der Arbeit wird das Kümpelwerkzeug am besten in eine Reibspindelpresse besonderer Bauart eingebaut, die als Einständermaschine mit großer Ausladung oder besser als Portalmaschine mit großer Ständerweite (Abb. 23) gebaut ist.

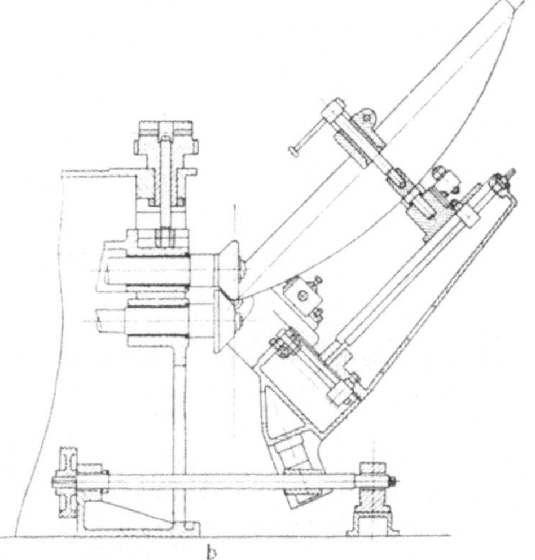

Die besondere Ausbildung des Randes wird *Bördeln* (amerikan. „flanging" = Flanschen) genannt und entweder mit der Portaldrückbank nach Abb. 23 vorgenommen, oder mit einer Bördelmaschine nach Abb. 24, die als Sondermaschine des Drückens entwickelt worden ist (vgl. Abschn. 13 b).

Eine weitere Verbindung von Drückarbeit und Formstanzarbeit zeigt die *Fertigung von großen Wasch- und Kochkesseln* nach Abb. 25 mit der Arbeitsfolge nach Tab. 6. Dieser Kessel ist an sich, wie der Ring der Abb. 17 der Form nach ein ideales Tiefziehteil. Da die Ziehscheibe bei den Abmessungen des Kessels aber einen Durchmesser von 900 mm haben muß, ist für die Umformung durch Tiefziehen eine so große und starke Presse (Druckleistung ∼ 200 t) erforderlich, wie sie nur wenigen Betrieben zur Verfügung steht. Dies

Abb. 24 a u. b. Bördelmaschine mit schwenkbarer Rundführung zum Bördeln großer, zuvor durch Kümpeln gewölbter Scheiben. *a* am Beginn, *b* am Ende des Bördelns. (*Schleifenbaum & Steinmetz.*)

sind meist Spezialbetriebe, in denen die großen Ziehpressen voll ausgelastet sind, so daß sie nicht für betriebsfremde Arbeiten zur Verfügung gestellt werden können. Die Kesselfertigung muß deshalb meist mit den einfacheren, verfügbaren Mitteln vorgenommen werden.

Zu diesem Zweck zerlegt man den Kessel nach Abb. 25 durch die Schnitte *A B* und *C D* in 3 Teile, den Mündungsring 1, den Mantel 2 und den Boden 3. Den Mündungsring 1 fertigt man zweckmäßig im Drückverfahren nach Tab. 6, wobei man von einem gerundeten Blechring nach Abb. 26 ausgeht, der im Gegensatz zu dem Ring der Abb. 18 nicht zylindrisch sein darf, sondern Kegelstumpfform haben

Tabelle 6. *Arbeitsfolge zur Anfertigung des Kessels nach Abb. 25 mit Boden, Mantel und Mündungsring aus Stahlblech St III. 23, 1,4 mm stark.*

A. Mündungsring.

1. Schneiden von Streifen mit der Tafelschere, 450 breit.

2. Schneiden von Abschnitten 1540 lang mit Tafelschere.

3. Nachschneiden der Abschnitte auf Trapezform. (Mündungsring und Mantel zusammen).

4. Formen schneiden (Kegelstumpfabwicklung = Kreisbögen) für Mantel und Mündungsring.

5. Runden des Mündungsringes zum Kegelstumpfring.

6. Enden heften und (autogen) schweißen, Schweißnaht hämmern und glätten.

7. Rand umlegen und formen auf Drückbank.

B. Mantel: Zuschnitt nach A 4.

8. Runden des Mantels in Kegelstumpfform.

9. Heften und Schweißen; Hämmern und Glätten der Schweißnaht.

C. Boden.

10. Schneiden von Quadraten 440 mm mit Tafelschere.

11. Rundschneiden 440 ⌀ mit Kreisschere oder Schnitt.

12. Drücken der Bodenform und Beschneiden der Höhe auf Drückbank.

D. Zusammenbau.

13. Heften von Boden, Mantel und Mündungsring mit Schablone.

14. Schweißen der Rundnähte zwischen Boden, Mündungsring und Mantel.

15. Hämmern und Glätten der Rundnähte.

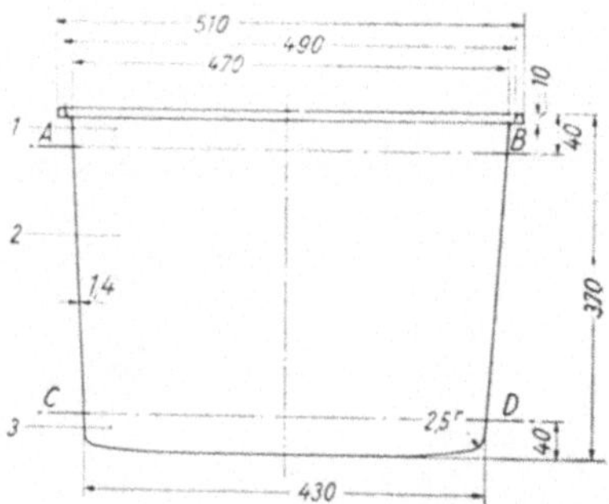

Abb. 25. Wasch- und Kochkessel aus Stahlblech St III. 23, 1,4 mm dick; aus 3 Teilen zusammengebaut, Mündungsring *1*, Mantel *2* und Boden *3*.

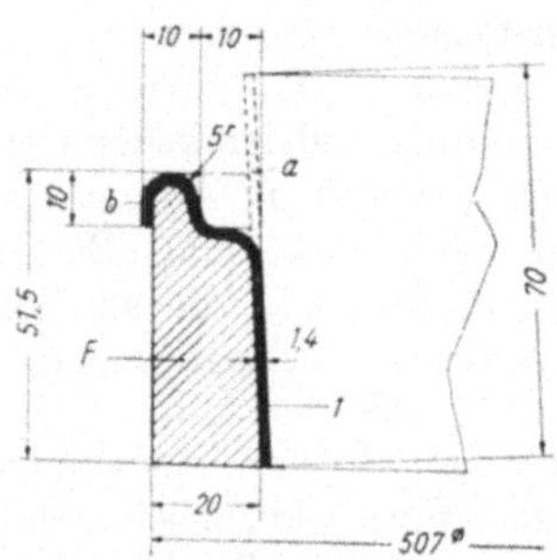

Abb. 26. Umformung eines kegeligen Ringes mit Hilfe eines ringförmigen Drückfutters zum Mündungsring *1* des Kessels nach Abb. 25. *a* kegeliger Blechring vor der Umformung, *b* Mündungsring nach der Formung.

muß. Dieser Ring wird in das ringförmige Drückfutter *F* (Abb. 26) eingesetzt und während der Umformung durch eine Andrückscheibe gegen den Kegel gehalten. Der über die Andrückscheibe vorstehende Rand *a* des Ringes ist dann einfach und leicht an das Futter anzulegen, wobei er in die Form *b* übergeht.

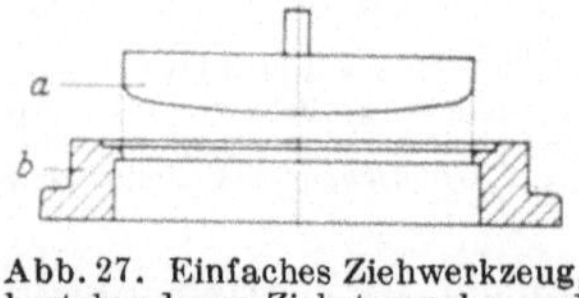

Wie der Mündungsring wird auch der Kesselmantel 2 als Kegelstumpfmantel zugeschnitten, gerundet und zusammengeschweißt.

Abb. 27. Einfaches Ziehwerkzeug, bestehend aus Ziehstempel *a* und Ziehring *b* zur Umformung einer Kreisscheibe in den Kesselboden 3 der Abb. 25, oder eines Kesselbodens beschränkter Größe nach Abb. 20.

Der Boden kann aus einer Kreisscheibe entweder ganz gedrückt, gekümpelt und gebördelt, oder durch Formstanzen erstellt werden. Die Wahl des Verfahrens hängt ab von der Art der verfügbaren Einrichtung. Am einfachsten ist das reine Drückverfahren.

Dieses erfordert aber eine Randberichtigung durch Beschneiden nach der Umformung. Aus diesem Grund wird man dem Formstanzen den Vorzug geben, wenn sich die Beschneidearbeit vermeiden läßt, da in diesem Fall der Mehraufwand an

Werkzeugkosten durch die Einsparung an Fertigungslohn verhältnismäßig schnell ausgeglichen werden kann. Der Mehraufwand ist gering, da das Formstanzwerkzeug nach Abb. 27 nur aus Formstempel und Ziehring besteht. Da der Ziehstempel a dem Drückfutter entspricht, das zur Umformung durch Drücken auf jeden Fall gebraucht würde, ist der Mehraufwand nur für den Ziehring b, einen einfachen zylindrischen Ring erforderlich, der aus Flachstahl gefertigt werden kann. So werden bei der Kesselfertigung Teile verbunden, die z. T. gestanzt und z. T. gedrückt sind; die Verbindung erfolgt durch Schweißen.

12. Drücken als Vorarbeit für Formstanzarbeiten. Im Flugzeugbau hat die stürmische Entwicklung besondere Maßnahmen gefordert, damit die Fertigung den an sie gestellten Anforderungen nachkommen konnte. Besonders schwierig war die

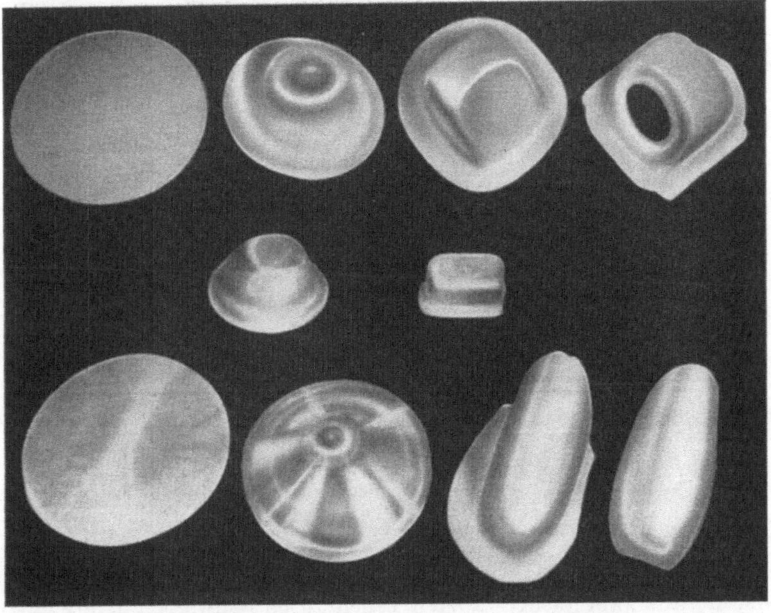

Abb. 28 a. Vorformen durch Drücken zur Erleichterung der Fertigformung durch Formstanzen mit dem Fallhammer bzw. zur Verringerung der Formstanzarbeiten. Beispiele geometrisch einfacher, den Fertigformen möglichst angepaßter Umdrehungsgefäße, die leicht zu drücken sind und das zur Ausbildung der Fertigform benötigte Blech auf Tiefe bringen, so daß beim Formstanzen keine Blechbeanspruchung mehr auftritt, sondern nur noch eine Lagenänderung. (Machine Moderne. Dez. 1952.)

spanlose Formung großer Blechteile, weil die Herstellung der notwendigen Ziehwerkzeuge sehr zeitraubend und in Anbetracht des schnellen Formenwechsels unwirtschaftlich war. Man hat deshalb zu einfachen Behelfswerkzeugen gegriffen, die als Formstanzwerkzeuge gebaut und mit Fallhämmern betätigt werden. Die Falten, die bei der Umformung entstehen, werden entweder durch zahlreiche Hammerschläge geebnet oder durch Treiben beseitigt. Dieses Vorgehen bewährt sich und ist wirtschaftlich, so lange die Teile nicht allzu tief sind. Werden sie aber tief, muß in Stufen geformt und eine größere Zahl von Formstanzwerkzeugen verwendet werden, die aufeinander abgestimmt sind; andernfalls wird die Faltenbildung so groß, daß die Falten durch Nachhämmern nicht mehr beseitigt, sondern übereinandergelegt werden würden.

In solchen Fällen erweitert eine tiefe, der Fertigform möglichst angenäherte Grundform, etwa die der Fertigform einbeschriebene Umdrehungsform, die durch

Drücken gut erstellt werden kann, die Möglichkeiten der Fallhammerumformung bzw. ganz allgemein der Umformung durch Formstanzen. So kann z. B. ein Trichter von der Form eines drei- oder vierseitigen Pyramidenstumpfes durch Drücken als Kegelstumpf vorgeformt und dann durch Formstanzen mit einem Fallhammer oder einer Reibspindelpresse fertiggeformt werden. Die Kegelstumpfform ist eine der leicht drückbaren Grundformen, bei denen das Drückverfahren den anderen Verfahren der spanlosen Umformung überlegen ist.

Die Form des Kegelstumpfes wird so gewählt, daß die Größe seiner Oberfläche möglichst der der Fertigform entspricht und bei der Fertigformung das Blech auf jeden Fall nur auf Zug und keinesfalls auf Druck beansprucht wird.

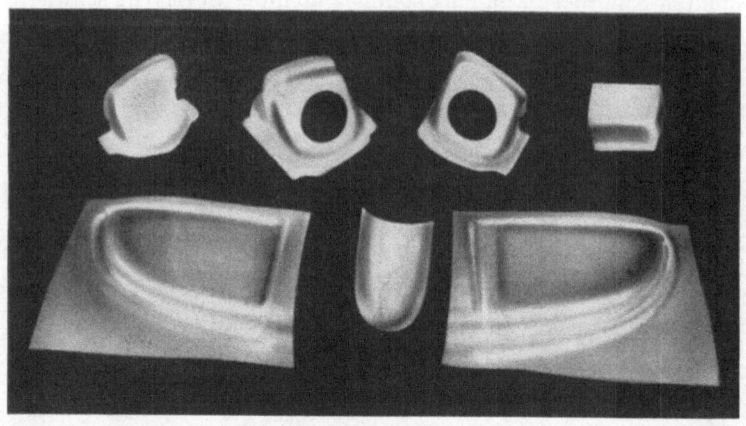

Abb. 28b. Vereinfachung der Werkstückherstellung durch Vorformen durch nahtlose Erstellung von Werkstücken, die zuvor aus 2 Teilen zusammengesetzt wurden. (Machine Moderne.)

Die Grundformen als Vorformen für Formstanzarbeiten können die verschiedensten Formen haben. Sie werden so verschieden sein, wie die Fertigform selbst, wie die Beispiele der Abb. 28a zeigen. Durch die Vorformung läßt sich die Stufenarbeit mit Formstanzwerkzeugen umgehen oder lassen sich Werkstücke nach Abb. 28b, die aus zwei formgestanzten Teilen durch Schweißen hergestellt werden mußten, aus einer Scheibe nahtlos fertigen. Dabei kann bei der Erstellung der Vorform durch Drücken der Werkstoff-Fluß so gesteuert werden, daß das Blech in den Zonen eher verdickt als geschwächt wird, die bei der Endformung am stärksten beansprucht werden. Dadurch wird einer allzu großen örtlichen Blechschwächung und der Gefahr des Aufreißens vorgebeugt.

13. Drücken zur Weiterformung und Endformung von Tiefziehteilen. Die gebräuchlichste Verbindung von Drücken mit anderen Verfahren der spanlosen Umformung ist die Weiterformung und Endformung vorgeformter Teile, insbesondere von Tiefziehteilen. Dabei kann unterschieden werden zwischen der Weiterformung des Mantelteils durch Strecken, Sicken, Wulsten, Einziehen, Ausbauchen, und der Bearbeitung des Gefäßrandes durch Beschneiden, Bördeln und Gewinderollen. Auf diese Umformungen wird im einzelnen eingegangen mit Ausnahme des Streckens, das schon in Abschnitt 5 behandelt worden ist.

a) Das Beschneiden des Blechrandes. Muß eine Blechscheibe in Stufen oder doch stark geformt werden, dann besteht die Gefahr, daß im Verlauf der Umformung, vom Rand ausgehend, Risse entstehen, die sich sehr schnell in radialer Richtung ausdehnen. Diese Gefahr ist besonders groß, wenn das Blech eine rauhe

Schnittkante hat, deren Vertiefungen Kerben bilden und so die Entstehung der Risse begünstigen. Die Gefahr wird dadurch beseitigt, daß der Rand der Blechscheibe vor dem Beginn der eigentlichen Umformung, oder aber während dieser, durch Beschneiden geglättet und von Kerben befreit wird.

Am häufigsten ist aber das Beschneiden des Randes an vorgeformten, insbesondere an tiefgezogenen Gefäßen. Der Rand ist immer uneben, verursacht entweder durch die durch das Walzen des Blechs bedingte Gefügeorientierung, die zur Zipfelbildung führt, oder durch Ungleichheiten der Blechdicke, die zu Ungleichheiten der Ziehtiefe Veranlassung geben. Diese Unebenheiten müssen beseitigt werden, wobei eine Berichtigung der Tiefe auf ein bestimmtes Maß mitverbunden werden kann, wenn es sich um zylindrische Gefäße ohne Bord handelt. Die Beschneidearbeit ist gleich einfach, ob es sich um bordlose (Abb. 29a) oder

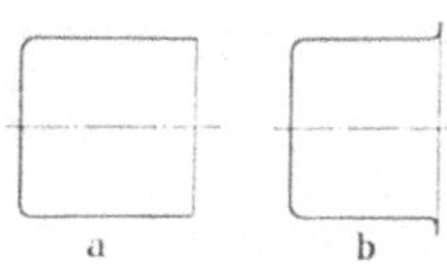

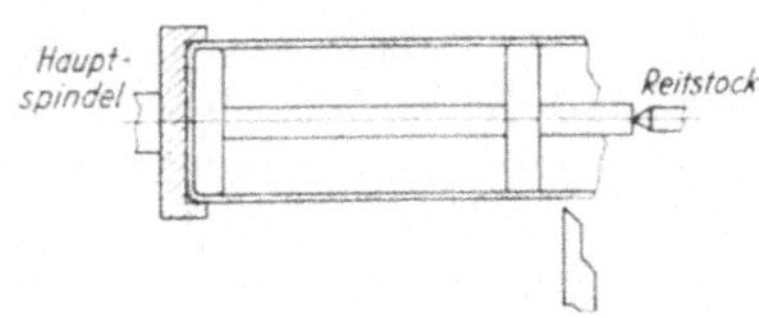

Abb. 29a u. b. Zylindrisches Gefäß aus einer Drückscheibe erstellt. *a* ohne Flansch, *b* mit einem ebenen Flansch (Flachrand).

Abb. 30. Andrückdorn für sehr hohe zylindrische Gefäße. Erleichterung der Beschickung und Entnahme zum bzw. vom Beschneiden, durch Verkürzung des Weges der Reitstockspindel.

um gebördelte Gefäße (Abb. 29b) handelt, und kann entweder mit einfachen Drehstählen oder mit Rundmessern vorgenommen werden.

Wenn sehr tiefe Gefäße beschnitten werden sollen, dann wird die Aufnahme in die Drückbank wesentlich erleichtert, wenn die Gefäßtiefe nach Abb. 30 durch einen Andrückdorn überbrückt wird, so daß beim Einspannen die Reitstockspindel nur um ein kurzes Stück verschoben werden braucht.

b) Bördeln des Randes (vgl. Abschn. 11). Es gibt verschiedene Rand- und Flanschformen[1], die durch Drücken ausgebildet werden können: ebene Flanschen,

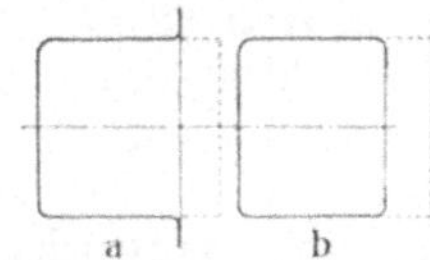

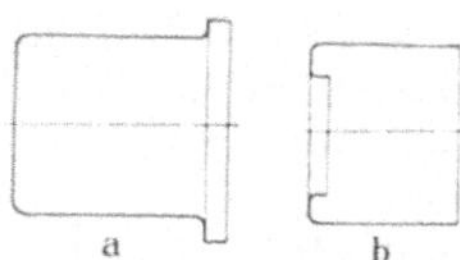

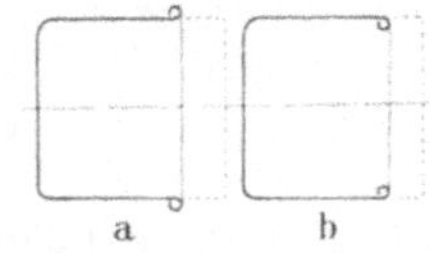

Abb. 31a u. b. Gefäßrand zum Flansch umgeformt. *a* Außenflansch, durch Zugbeanspruchung entstanden. *b* Innenflansch, durch Druckbeanspruchung entstanden.

Abb. 32a u. b. Winkelränder an Gefäßen. *a* durch Druckbeanspruchung an einem Außenflachrand, *b* durch Zugbeanspruchung an einem Lochrand im Gefäßboden ausgebildet.

Abb. 33a u. b. Rollränder. *a* Außenrollrand, entstanden durch Umformung eines Außenflachrandes. *b* Innenrollrand, entstanden durch Umformung eines Innenflachrandes.

senkrecht zur Achsrichtung nach außen (Abb. 31a) oder nach innen gerichtet (Abb. 31b), Winkelränder (Abb. 32a, b) und Rollränder (Abb. 33a, b).

1. Flachrand. Die Ausbildung eines *ebenen Flansches* ist einfach; der Gefäßrand wird um ein Drückfutter von geeigneter Form umgelegt (Abb. 74, S. 51). Bei der

---

[1] In der Werkstattpraxis werden die gebördelten Ränder meist als „Borde" bezeichnet, also Flachbord, Winkelbord, Rollbord usw. „Bord" als Bezeichnung für „Rand" ist von der Schiffahrt her bekannt: An oder von Bord gehen usw. Auch als „Bücherbord" tritt uns das Wort entgegen. Man kann in der Zieh- und Drücktechnik natürlich auch einfach Flachrand, Winkelrand, Rollrand sagen. Statt „Bördeln" findet man in der Praxis auch den Ausdruck „Bordieren". Er ist falsch, denn er bedeutet „einfassen", „besetzen".

Umformung wird das Blech entweder auf Zug oder auf Druck beansprucht, je nachdem der Flansch nach außen (Abb. 31a) oder nach innen gerichtet wird (Abb. 31b). Die Umformung nach außen und die Beanspruchung auf Zug ist ungünstig und deshalb beschränkt, vor allem wegen der Gefahr der Einrisse vom Rand aus. Die Umformung nach innen, und die Beanspruchung auf Druck, ist günstiger; sie ist nur begrenzt durch das Formänderungsvermögen des Blechs bzw. die bei der Umformung entstehende Kalthärtung. Wie groß die Umformung sein kann, zeigt der Ring der Abb. 17, bei dem eine Flanschbreite von ≥ 35 mm, also eine Durchmesserverringerung von 13 % in einer Drückstufe erreicht worden ist. Damit ist aber die äußerste Grenze noch nicht erreicht, die gegebenenfalls durch Zwischenstufung bis auf 30 bis 40 % erweitert werden kann. Flachborde dienen entweder zur Versteifung der Gefäßöffnung oder als Vorstufen für Rollborde oder Falze.

2. *Rollrand*. Gefäße aus dünnem Blech sind besonders an der Mündung so schwach, daß die Gefahr einer unerwünschten und unzulässigen Formänderung sehr groß ist, wenn die Ränder nicht verfestigt werden. Eine solche Verfestigung ist nach Abb. 14b sehr einfach, wenn die Gefäßwand gestreckt und die Randzone von der Streckung ausgenommen wird. Fehlt aber diese Möglichkeit, dann muß die Verstärkung durch eine Umformung erreicht werden, die z. B. die Ausbildung eines Flansches ergibt. Ein solcher Rand hat aber eine Form, die die Handhabung der Gefäße sehr erschwert und die, wenn nach außen gerichtet, den Raumbedarf der Gefäße in nachteiliger Weise erhöht. Außerdem würden bei dünnem Blech Flachborde sehr leicht zu Schnittverletzungen führen, wenn mit den Gefäßen nicht sehr sorgfältig umgegangen wird.

Man führt deshalb die Umformung der Flachborde und z. T. auch der Winkelborde dadurch weiter, daß man sie zu Kreisringen wölbt. So entstehen die Rollborde (Abb. 33a, b), die außer der hohen Festigkeit, die sie vermitteln, die Unfallgefahr beseitigen. Die Verfestigung kann dadurch verbessert werden, daß in den Rollbord vor der Endformung ein Drahtring eingelegt (eingezogen) wird.

3. *Winkelränder* entstehen nach Abb. 32a, b aus Flachrändern oder, allgemeiner gesagt, durch teilweise Umformung von Außen- oder Innenrändern. Die allgemeinere Deutung ist richtiger, weil sehr viele Winkelborde nach Abb. 32b an den Rändern von Löchern bzw. Öffnungen in den Gefäßböden ausgebildet werden, vor allem im Leichtbau, wo die Ausbildung der Winkelränder eine der wichtigsten Maßnahmen zur Erhöhung der Festigkeit und Formsteifigkeit abgibt. Die Verfestigung ist um so höher, je höher der Winkelrand ist und deshalb ist das Drückverfahren, abgesehen davon, daß es allgemeiner ist, der Umformung durch Formstanzen vorzuziehen, da es höhere Winkelränder erreichen läßt. Offenbar wirkt sich die langsamere und schonendere Umformung günstig aus.

Bei der Ausbildung eines Winkels an einem Außenrand wird das Blech ausschließlich auf Druck, also günstig beansprucht, während es bei der Ausbildung an einem Innenrand auf Zug beansprucht wird. Die Art der Beanspruchung begrenzt die Ausbildung der Winkelränder in der gleichen Weise, wie die Ausbildung der Flachborde.

c) **Falzen.** Durch sinnvolle Verbindung von Bördeln und Rollen können zwei Gefäßteile miteinander verbunden werden. Man nennt die Verbindung der Formarbeiten „Falzen". Falzverbindungen sind die wichtigste Grundlage der Konservendosen und Verpackungsgefäße (Emballagen) erzeugenden Industrie.

Dabei wird unterschieden zwischen dem einfachen Falz nach Abb. 34 und dem Doppelfalz nach Abb. 35. Der einfache Falz entsteht dadurch, daß zwei verschieden breite Flachborde mit gleichem Innendurchmesser (Abb. 34a) aufeinandergelegt werden und ein Teil des breiteren Bords (Abb. 34b) um den schmäleren herumgerollt und angelegt wird. Wird der einfache Falz (Abb. 34) insgesamt an den Gefäßkörper angelegt, dann erhält man den Doppelfalz, die bei Konservendosen und anderen Verpackungsgefäßen gebräuchlichste Verbindung (Abb. 35).

Ein Doppelfalz nach Abb. 35 wird also durch zwei unmittelbar aufeinanderfolgende Umformungen erreicht, die Vorformung, bei der der breitere Rand nach

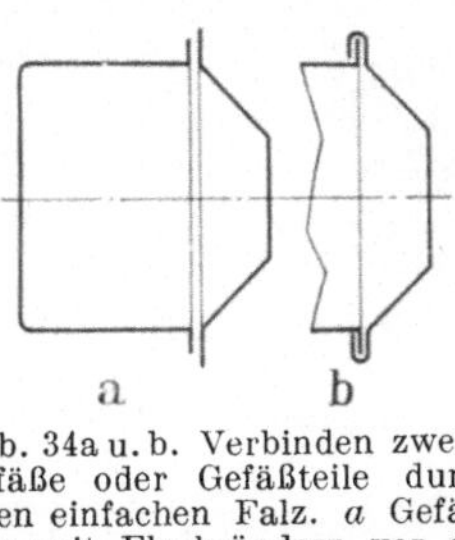

Abb. 34a u. b. Verbinden zweier Gefäße oder Gefäßteile durch einen einfachen Falz. *a* Gefäßteile mit Flachrändern vor der Verbindung, *b* Gefäßteile nach der Verbindung (Umlegen des Randes mit dem größeren Durchmesser um 180° um den Rand mit dem kleineren Durchmesser).

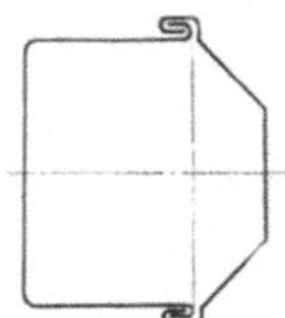

Abb. 35. Doppelfalz zum Verbinden, insbesondere dichtem Verbinden, zweier Gefäße oder Gefäßteile, entstanden durch Anlegen des einfachen Falzes an den Gefäßrumpf.

Abb. 36a–c. Sicken, einzeln oder in großer Zahl, zur Verfestigung von Gefäßrümpfen oder -öffnungen. *a* das Sicken, *b* und *c* fertige Behälter. [9].

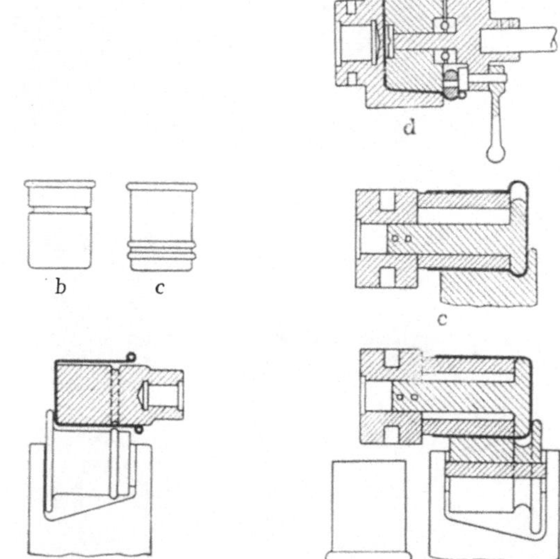

Abb.37a–d.Verstärkte Sicken am Gefäßboden oder am Gefäßrand werden Wulste genannt. *a* Fertigform zu *b* und *c*, *b* Beginn, *c* Ende des Wulstens; *d* Randwulst. [9].

Abb. 34 um den schmäleren herumgerollt wird und die Fertigformung nach Abb. 35, bei der der vorgebildete Falz an den Gefäßkörper angelegt und gleichzeitig geschlossen wird.

Die Umformungsarbeit ist einfach und sehr schnell auszuführen und deshalb ist die mechanische Verbindung außerordentlich verbreitet. Allerdings genügt die einfache mechanische Verbindung nicht, wenn der Falz, wie meist verlangt werden muß, flüssigkeitsdicht sein soll. In diesem Fall muß die Erfüllung der Forderung durch die Verwendung eines geeigneten Dichtungsmittels gesichert werden, das von den Stoffen, die in das Gefäß gefüllt werden, nicht angegriffen und zerstört werden kann. Als Dichtungsmittel wird entweder Gummi verwendet, in Ringform oder, besser, in flüssigem Zustand, oder ein Kunstharzlack. Das Dichtungsmittel füllt bei der Umformung etwa entstehende Hohlräume ganz aus.

Trotz der Verwendung des Dichtungsmittels wird die absolut zuverlässige Dichtigkeit des Falzes nur erreicht, wenn dieser auch mechanisch einwandfrei, also so genau wie möglich, ausgeführt ist. Die Genauigkeit der Falzausbildung ist aber weitgehend bedingt durch die Genauigkeit der Blechdicke und darum erfordert die Auswahl der Bleche eine besondere Sorgfalt. Der Erfahrung nach sollte die Blechdicke nicht mehr als insgesamt 0,025 mm abweichen. Trotz dieser auch für Bleche von der Nenndicke 0,2···0,35 mm sehr geringen, die bisher zugelassene Normabweichung erheblich unterschreitenden Abweichung, ergibt sich für die Falzstelle, an der das Blech 4- oder 5 mal (vgl. Abb. 43) übereinander liegt, eine Gesamttoleranz der Dicke von 0,125 mm. Mit einer solchen Abweichung wird

Abb. 38. Leichtpackungen, deren Fertigung vor allem auf der Falzverbindung ruht. Eimer, Dosen, Hobbocks mit Stülpdeckel, Flaschen, Kannen, Fässer, Wannen, Waschkessel. (*Lauterberger Blechwarenfabrik*, Bad Lauterberg).

ein dichter Falz nicht zu erreichen sein; es muß deshalb die Toleranz durch eine Blechstreckung verringert werden, damit das Dichtungsmittel seine Aufgabe sicher erfüllen kann.

Die einwandfreie Ausführung des Falzes kann nur durch Aufschneiden und Prüfen des Querschnitts festgestellt oder durch Luftdruck im Wasserbad ohne Zerstörung des Gefäßes ermittelt werden, vorausgesetzt, daß eine Öffnung die Zuführung von Druckluft ermöglicht.

d) Sicken. Bei Blechgefäßen wird nicht nur der Öffnungsrand verfestigt, sondern, wenn erforderlich, auch der Mantel. Dazu dienen nach innen oder nach außen gewölbte Rillen, die *Sicken* (Abb. 36), bzw., wenn größer, *Wulste* (Abb. 37), genannt werden, und die entsprechenden Umformungsverfahren „*Sicken*", bzw. „*Wulsten*". Solche Verstärkungen sind vor allem an Verpakkungsgefäßen (Abb. 38), wie Fässern, Trommeln und Hobbocks erforderlich, denn Verpackungsgefäße müssen zur Gewichtsersparnis aus so dünnem Blech wie nur immer möglich gefertigt werden, wobei die ausreichende Festigkeit wie beim Leichtbau durch geeignete Formgebung, insbesondere durch Sicken, erreicht werden muß.

Es können nach Abb. 36b einzelne Sicken ausreichen oder aber nach Abb. 36c Sicken in größerer Zahl notwendig sein. Die Sicken können nach Abb. 36a einzeln oder in Gruppen ausgebildet werden. Werden sie einzeln nacheinander geformt, können sie höher werden, da das Blech von den Seiten her leicht nachfließen kann, ohne besonders beansprucht zu werden. Werden die Sicken aber in Gruppen zusammengeformt, dann wird das Blech nicht mehr nachfließen können, weil der Widerstand, der sich ihm durch die verschiedenen Umleitungen um die Formrollen

Tabelle 7. *Erreichbare Sickenhöhen.* (s = Blechstärke in mm.)

Sickenzahl	Sickenform	Gefäßdurchmesser d_1 in mm	Sickenabmessung in mm		
			Breite b	Höhe h	Höhe h_1
Einzelsicke		$\geq 400\,s$	$\geq h$	$\leq 12\,s$	—
Beliebig große Sickenzahl		$\geq 400\,s$	—	$\leq 5\,s$	—
Einzelsicke mit mehreren niederen Parallelsicken . . .		$\geq 400\,s$	—	$\leq 10\,s$	$\leq 4\,s$

entgegensetzt, in der Zone der mittelsten Sicke im Blech eine Zugspannung hervorruft, die die Festigkeit des Querschnitts übersteigt, so daß das Blech reißt, bevor es nachfließt. Die Sickenhöhe bei der Gruppensickung kann also nur so hoch werden, daß die Dehnfähigkeit des Blechs nicht überschritten wird. Durchschnittlich erreichbare Werte können aus Tab. 7 entnommen werden.

Gewindedrücken: Werden die Sicken nicht in Ringform, sondern (Abb. 39) in Form von Schraubengängen aufgebracht, so entsteht ein Gewinde. Meist werden die Gewinde aber nicht auf der Drückbank, sondern auf Sondermaschinen geformt, ohne daß das Verfahren der Ausbildung eine grundsätzliche Änderung erfährt.

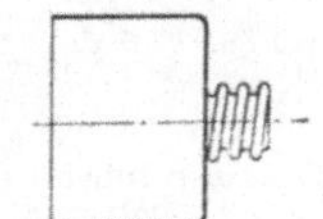

Abb. 39. Schraubenförmig eingedrückte Sicken bilden Gewinde.

Gewinde, die durch Drücken bzw. Sicken entstanden sind, ermöglichen eine lösbare Verbindung von zwei Blechteilen.

c) Rändeln. Mit entsprechenden Werkzeugen lassen sich (Abb. 40) auch feine Riefen oder Kreuzriefen in die Oberfläche eines Werkstücks aus Blech einprägen. Rändeln verbindet also eine Drückumformung mit einer Prägeumformung. Die Stelle, an der das Werkzeug angesetzt wird, wird (Abb. 40) durch eine Rolle oder eine Scheibe entsprechend kräftig abgestützt.

f) Einziehen vorgeformter Gefäße. Die Öffnung von Gebrauchsgefäßen wird sehr gern zur sicheren Aufbewahrung des Inhalts kleiner gemacht als der eigentliche Gefäßdurchmesser. Die Randzone muß zu diesem Zweck nachgeformt werden. Mit dieser Nachformung, die nach Abb. 41 u. 42 eine kleinere oder größere Zone erfassen oder sich sogar über die ganze Mantelfläche erstrecken kann, wird gleichzeitig eine um so größere Versteifung des Gefäßes erzielt, je stärker die Durchmesserverringerung, der Einzug des Gefäßes, gewählt wird.

Bei der Umformung des zylindrischen Gefäßes zu einer Flasche wird das Blech auf Druck beansprucht. Die Umformung kann eine sehr weitgehende sein, insbesondere, wenn sie in Stufen durchgeführt wird.

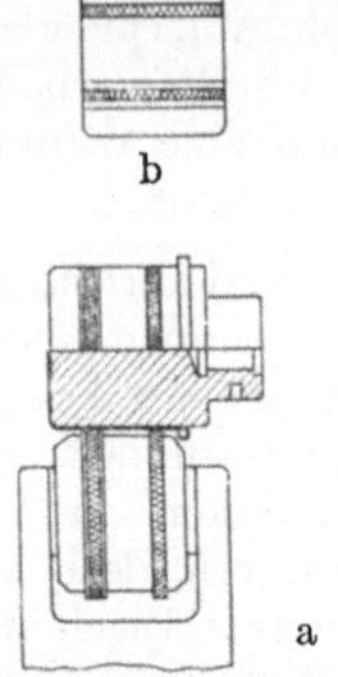

Abb. 40a u. b. Rändel sind Verzierungen an Gefäßrümpfen oder Gefäßrändern, die mit Rändelwerkzeugen gegen ein festes Futter als Amboß eingeprägt werden. *a* Rändeln, *b* fertiges Werkstück.

Flaschen nach Abb. 43 können zwar sehr gut durch Verbindung von Einzelteilen hergestellt werden, aber die Falzverbindung, die dann vorgesehen werden

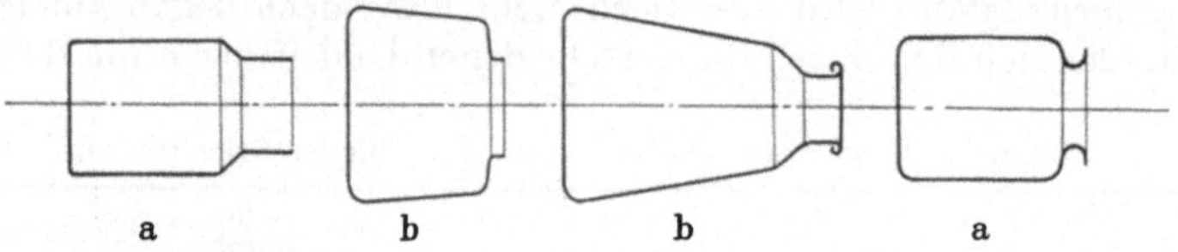

Abb. 41a u. b. Einziehformen. Gefäße, deren Durchmesser sich von einer bestimmten Höhe an verringert, sind verjüngt oder eingezogen. *a* einfache, *b* zusammengesetzte (verwickelte) Einziehformen.

muß, gibt Unterbrechungen im Zusammenhang der Innenfläche, die zwar bei Verpackungsgefäßen zulässig sind, aber die Reinigung erschweren, so daß sie für Gefäße der Nahrungs- und Genußmittelindustrie, der Milchwirtschaft und der Landwirtschaft untragbar wären. Bei diesen Gefäßen muß da-

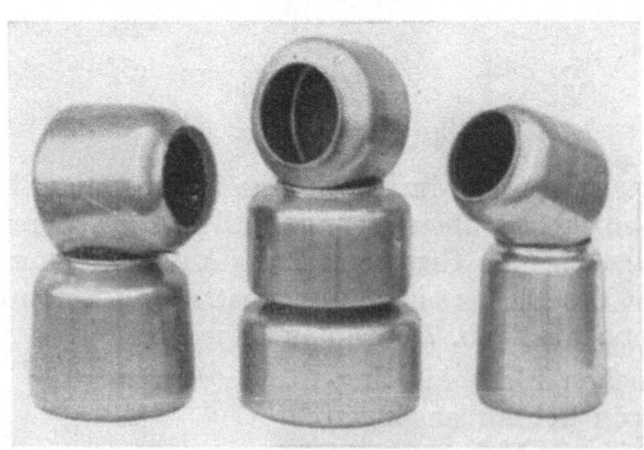

Abb. 42. Ausgeführte Gefäße mit üblichen Einziehformen. (*Theodor Dahlmann*, Werkzeug- und Maschinenfabrik, Neheim-Hüsten 1.)

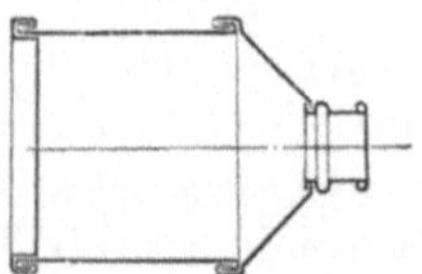

Abb. 43. Flasche, aus 4 Teilen aufgebaut, die zur Umgehung des Einziehens durch Falze verbunden sind.

her die nahtlose Ausbildung der Flaschenform gefordert werden, da nur sie eine hygienisch einwandfreie Reinigung zuläßt.

Wie jede Drückarbeit, wird auch die Durchmesserverringerung und die Ausbildung der Endform durch ein geeignetes Futter erleichtert. Wenn aber nach Abb. 44 der Einzug sehr groß und die verbleibende Öffnung sehr klein, daher der Einzug in Stufen vorgenommen werden muß, wird die Verwendung von Drückfuttern nur in einem bestimmten Umfang möglich sein, d. h. so lange, wie die Öffnung noch groß genug ist, um das Futter nach der Umformung durch sie zu entnehmen. Die Schlußumformung muß aber frei, d. h. ohne Abstützung durch ein Futter, vorgenommen werden.

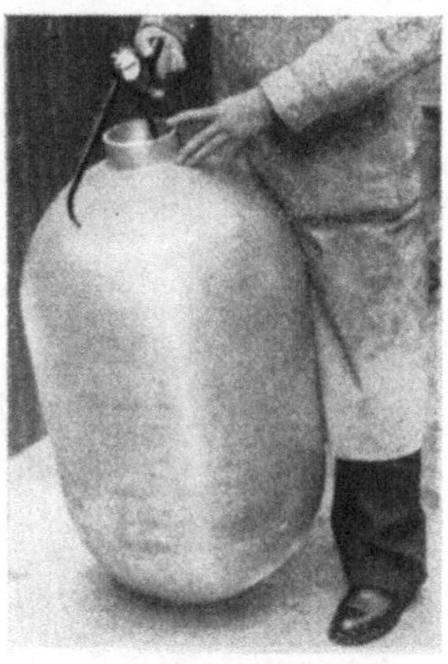

Abb. 44. Behälter aus Al 99,5 mit einem Durchmesser von 450 mm und einer Höhe von 900 mm, der aus einer Scheibe von 1300 mm ⌀ und 3,6 mm Dicke erstellt und am Rand außerordentlich stark — auf 125 mm ⌀ — eingezogen worden ist. Die Abbildung zeigt das Messen der Wandstärke.

g) Ausbauchen. Während beim Einziehen eine Durchmesserverringerung angestrebt werden muß, muß das Ausbauchen oder Auswölben des Mantelteils durch eine Durchmessererweiterung, also durch eine Beanspruchung des Bleches auf Zug erreicht werden. Da diese Art der Beanspruchung ungünstig ist, wird sie meist vermieden. Dies ist um so leichter möglich, als das Ausbauchen sehr leicht auf eine Einzieharbeit zurückgeführt werden kann. Man braucht bei der Vorformung den Teil des Gefäßes zwischen Boden und größtem Durchmesser nach Abb. 45 nur der Fertigform entsprechend auszubilden und den Rest des Gefäßes zylindrisch, dann wird die Endform durch Verjüngung des zylindrischen Teils erreicht werden können. Wenn allerdings nach Abb. 46 der Unterschied zwischen dem Bodendurchmesser und dem größten Gefäßdurchmesser sehr groß ist, wird die Ausbildung der Endform im unteren Gefäßteil bei der Vorformung durch Tiefziehen schwierig, so daß eine wenigstens teilweise Ausbauchung nach Abb. 46c vorteilhaft sein kann.

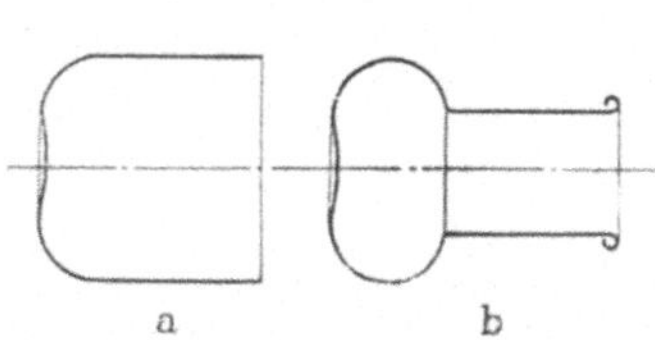

Abb. 45a u. b. Ausbauchform. Gefäße, deren Durchmesser sich gegenüber dem Boden in einer Mantelzone erweitern, heißen ausgebaucht. Die Ausbauchform läßt sich meist, hier mit der Vorform *a*, auf eine Einziehform *b* zurückführen.

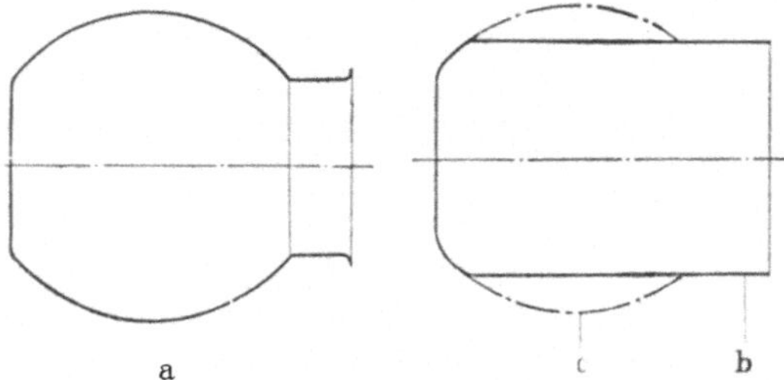

Abb. 46a–c. Starke Ausbauchung. Starke Durchmessererweiterungen *a* müssen von Vorformen *b*, die den Übergang vom Boden zur Ausbauchung einleiten, durch Ausbauchumformung *c* in die Endform übergeführt werden.

II. Drückbänke.

A. Einfache Drückbänke.

14. Aufbau der Drückbänke. Wie schon früher ausgeführt, sind die Drückbänke aus den Drehbänken entstanden. Ihr Bau hat grundsätzlich die Entwicklung der Drehbänke mitgemacht, aber dabei doch immer mehr die Züge ausgearbeitet, die durch die Art der Umformung bedingt sind und die Unterschiede von Drehbänken und Drückbänken ausmachen.

Beim *Antrieb* ist man vom Gruppenantrieb durch Transmission über Vorgelege und
Stufenscheibe, wie ihn noch die Abb. 4 gezeigt hat, ab- und nach Abb. 47 zum Einzelantrieb übergegangen. Der Elektromotor für diesen ist entweder an den Fuß der
Drückbank angeflanscht oder im Ständer untergebracht. Er treibt die Hauptspindel mit einer entsprechend großen Zahl von Keilriemen an, so daß diese trotz
der starken Bremswirkung, die das am großen Durchmesser der Drückscheibe an-
greifende Werkzeug ausübt, nicht schlüpft.

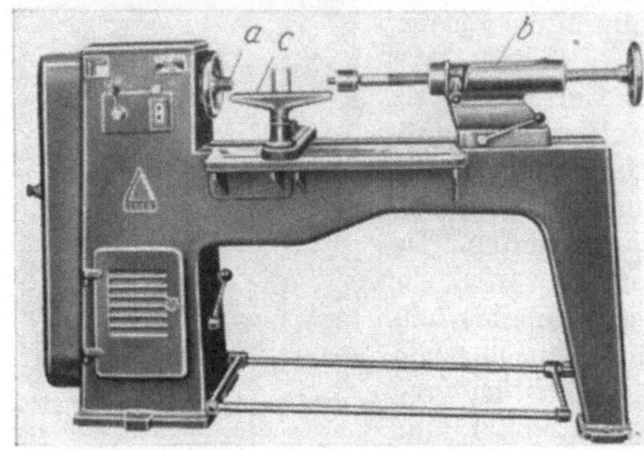

Abb. 47. Einfache Drückbank neuer Bauart
mit Einzelantrieb. a Hauptspindel, b Reitstock, c Werkzeugauflage. 4, wahlweise
8 wählbare Umdrehungszahlen zwischen
$n = 225$ und $n = 2800$ i. d. Min., Spindel
mit Spindelstock durch Einsteckzapfen zu
verriegeln; Einrückung elektrisch durch
Druckknöpfe über Schütz; Ausrückung und
Abbremsung durch Fußhebel; Reitstock mit
Schnellrückzug-Spindel, 210 mm verschiebbar und mit Handrad fein einzustellen bei
Schnellverriegelung durch Bajonettverschluß:
Handauflage in der Höhe verstellbar, an der
Stirnseite zur Erhöhung der Verschleißfestig-
keit mit gehärteter Stahlschiene ausgestattet
und mit zwei verstellbaren Steckstiften versehen; weit vorgebautes Bett zur sicheren
Abstützung der Werkzeugauflage auch bei
der Umformung größtmöglicher Drückscheiben. (*Leifeld*).

Zur besseren Ausnützung der Antriebsenergie wird die *Hauptspindel* nach
Abb. 48 mit Wälzlagern gelagert, die ausreichend bemessen sind, während der
Axialdruck von einem besonderen Drucklager aufgenommen wird.

Zur Aufnahme der Drückfutter wird die Spindel (Abb. 48) mit einem Gewinde
oder (Abb. 49) mit einem Kegel versehen. Der Kegel gibt den genauesten Futter-
sitz. Zur Ermöglichung eines zuverlässigen Sitzes muß die Spindel aber durchbohrt
werden, damit das Futter mit einer Schraubspindel, die durch die Spindel gehen

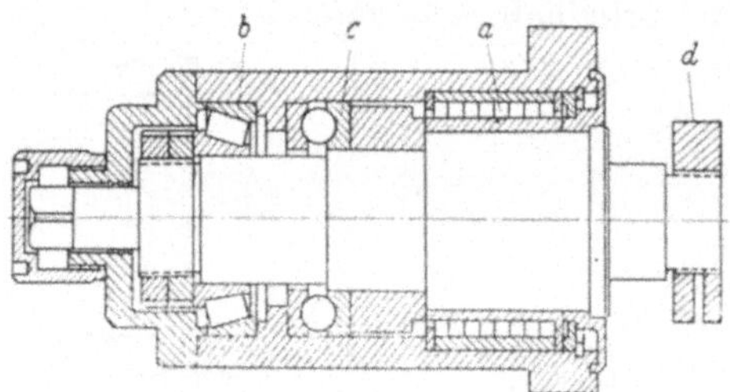

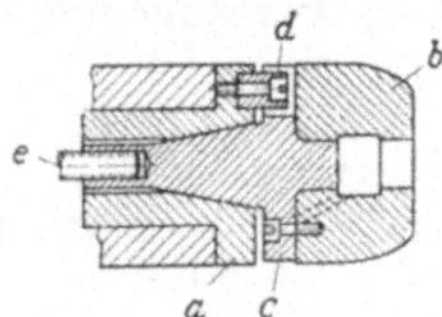

Abb. 49. Futteraufnahme durch die
Hauptspindel. Kegelführung mit Fut-
teranzug durch eine durch die Hauptspindel hindurchgehende Schrauben-
spindel, genaue, aber weniger häufige
Ausführung. a Hauptspindel, b Futter, c Verbindungskegel, d Aufnehmer,
e Schraubspindel. [9].

Abb. 48. Spindellagerung in nachstellbaren Rollenlagern.
(*Leifeld*.) a Haupttraglager (Rollenreihe), b Schrägrollenlager,
c Axialdrucklager, d Futter.

muß, fest in den Kegel gezogen werden kann. Außer der Spielfreiheit hat die
Befestigung den Vorteil, daß das Futter nach der Beendigung der Arbeit leicht von
der Spindel gelöst werden kann. Die leichte Lösbarkeit ist bei der Schraubbe-
festigung nicht vorhanden. Durch die Schwere der Beanspruchung schraubt sich
das Futter während der Umformung immer fester auf die Spindel und verspannt
sich mit dem Spindelgewinde so sehr, daß es oft nur mit Mühe gelöst werden kann.
Es hat sich deshalb als notwendig erwiesen, für die Spindel eine Möglichkeit der
Verriegelung mit dem Spindelstock zu schaffen, damit der Drücker beide Hände
zum Lösen des Futters frei bekommt. Zweckmäßig ist es, das Abschrauben durch
Flächen oder Löcher im Futterschaft, die das Ansetzen von Hebeln oder Schlüsseln
gestatten, zu erleichtern.

Die *Werkzeugauflage*, die auf der ganzen Bettfläche zwischen *Spindelstock* und *Reitstock* verschoben werden kann und durch den Vorbau des Bettes auch eine sichere Auflage hat, wenn sie weit außermittig gestellt werden muß, damit große Durchmesser bearbeitet werden können, muß durch die Verschiebungsmöglichkeit die günstigste Werkzeugstellung gewinnen lassen. Diese wird verfeinert durch die Möglichkeit der Höhenverstellung und die Möglichkeit, die Führungs- und Anlagestifte auf der Länge der Auflage zu verstellen. Zu diesem Zweck ist die Auflagefläche mit einer größeren Zahl von Löchern versehen, in die die Stifte beliebig hineingesteckt werden können, nach Bedarf auch während der Umformung. Da die Kante der Auflage den ganzen Arbeitsdruck der Werkzeuge aufnehmen muß, ist sie außerordentlich stark beansprucht. Um einer vorzeitigen Abnützung vorzubeugen, wird eine gehärtete Schiene aus Werkzeugstahl eingesetzt.

Darüber hinaus wurden zahlreiche konstruktive Änderungen durchgeführt, die geeignet sind, die Arbeit zu beschleunigen und den Leistungsbereich der Drückbänke zu erweitern.

15. Leistungssteigernde Ausstattung der Drückbänke. a) Der Spindelantrieb. Da die Blechteile nach Form und Größe sehr stark schwanken, ist die Anpassung der Spindeldrehzahl an die Größe sehr wichtig, damit eine bestimmte günstige Umformgeschwindigkeit eingehalten werden kann. Während früher, bei dem Vorgelegeantrieb (Abb. 4) nur 3 bis 4 verschiedene Spindelgeschwindigkeiten eingestellt werden konnten, läßt der Einzelantrieb bei Verwendung eines polumschaltbaren Motors ohne Schwierigkeit die Wahl von 8 Geschwindigkeiten erreichen.

Größere Drückbänke erhalten hochwertige Vorschaltgetriebe, deren Zahnräder gehärtet sind und im Ölbad laufen und durch Verschieberäder die Wahl von 9 bis 18 verschiedenen Spindeldrehzahlen erlauben, die zwischen 5 und 3000 i. d. Min. liegen können.

An Stelle des Zahnradgetriebes kann auch ein Ölgetriebe (Abb. 55) oder nach Abb. 61 ein LEONARD-Antrieb gewählt werden, mit dem sich die Drehzahl nicht nur in Stufen, wie beim Zahnradgetriebe, sondern stufenlos verändern läßt. Kleine Werkstücke und dünne Bleche, die leicht umgeformt werden können, erfordern möglichst hohe Drehzahlen, große Werkstücke und dicke Bleche, also schwere Umformungen, dagegen geringe Drehzahlen.

b) Der Reitstock. Drückarbeit wird meist nur in kleinen Serien durchgeführt. Die Umformzeit ist kurz, so daß ein häufiger Wechsel des Werkstücks oder der Drückscheibe erforderlich ist. Deswegen beeinflussen die Beschickungs- und Entnahmezeiten die Herstellzeit besonders stark. Sie müssen möglichst klein gehalten werden. Zur Beschickung gehört die regelmäßige Betätigung des Reitstocks, der Rückzug der Reitstockspindel zur Entnahme des bearbeiteten Werkstücks und die Heranführung der Reitstockspindel für die Anpressung der Drückscheibe oder des zu bearbeitenden Werkstücks. Die Verschiebung muß sehr leicht möglich sein, und es muß ein hoher Druck sehr schnell eingeschaltet werden können. Deswegen ist man von der einfachen Schraubspindel (Abb. 4) abgegangen und hat die Reitstockspindel (Abb. 47 ff.) mit kräftigem Flachgewinde als Verschiebespindel ausgebildet, die mit Handrad fein eingestellt werden kann. Zur Verriegelung dient ein Bajonettverschluß, der durch die geringe Neigung der Verschlußkante die Ausübung hoher Anpreßdrücke zuläßt. Ein Gewicht am Verriegelungshebel kann die Verriegelungsstellung zusätzlich sichern.

c) Die Spindelbremse. Die kurze Arbeitszeit hat dazu verleitet, den Wechsel der Arbeitsstücke bei laufender Spindel vorzunehmen, um die Verzögerung, die das Auslaufen der Spindel aus hoher Drehzahl verursacht, zu umgehen. Eine solche

Arbeitsweise ist aber nur in wenigen Fällen ohne erhöhte Unfallgefahr möglich. Deshalb werden die Drückbänke heute mit einer schnellwirkenden Kupplung und mit einer Bremse ausgestattet. Meist wird eine Verbindung von Lamellenkupplung und Lamellenbremse gewählt; bei schwereren Bänken (Abb. 59) kann aber auch eine elektrische Abbremsung durch Umschaltung auf Gegenstrom vorgenommen werden, wobei ein Bremswächter für die Abschaltung des Stromes sorgt, wenn der Motor zum Stillstand gekommen ist.

Kupplung und Bremse sind entweder von Hand, oder (Abb. 47) mit dem Fuß zu betätigen, oder es ist die Möglichkeit der Wahl zwischen Hand- und Fußbetätigung gegeben. Die Fußbetätigung erleichtert die Arbeit und beschleunigt den Werkstückwechsel, weil sie beide Hände für diesen frei läßt.

d) Mechanische Ausstoßer. Wenn die Werkstücke durch die Umformungsdrücke fest auf die Drückfutter aufgepreßt werden, sind sie bisweilen schlecht zu lösen. In solchen Fällen hilft ein Ausstoßer (Abb. 59), der durch die durchbohrte Spindel und das durchbohrte Drückfutter bis auf den Werkstückboden reicht, so daß dieser durch die Spindel hindurch kräftig angestoßen werden kann. Gegebenenfalls kann durch einen Hebel der Druck erleichtert und verstärkt werden.

e) Der Werkzeugschlitten[1]. Wie bei den Drehbänken hat auch bei den Drückbänken die Einführung des Werkzeugschlittens (Abb. 50) einen starken Auftrieb gegeben und den Bereich des Umformverfahrens außerordentlich erweitert. Beim Drücken war die Einführung des Werkzeugschlittens als Kreuzschlitten begleitet vom Übergang zu Rollwerkzeugen, die die gleitende Reibung der Stabwerkzeuge in eine rollende umwandeln und so einerseits die zu einer bestimmten Umformung erforderliche Drückkraft verringern und andererseits gleichzeitig die Blechoberfläche schonen (Abb. 56).

Abb. 50. Drückbank ähnlich Abb. 45, aber mit kräftigem, lang und nachstellbar geführtem Kreuzschlitten ausgerüstet, der durch große Handräder betätigt wird und mit seinem Fuß auf dem Drückbankbett breit und sicher, aber drehbar, aufgeschraubt wird. (*Leifeld*.)

Der kräftig gebaute Werkzeugschlitten wird auf breiten Gleitflächen durch Stahlspindeln über eine Bronzemutter in langen durch Leisten nachstellbaren Gleitbahnen bewegt. Große Handräder erleichtern die Betätigung der Spindeln und lassen hohe Formkräfte erreichen. Der Unterschlitten ist drehbar und so lang gehalten, daß neben dem eigentlichen zur Umformung bestimmten Oberschlitten (Querschlitten) noch ein Hilfsschlitten für Schneid- und Bördelarbeiten untergebracht werden kann.

Die Rollen, die die Umformarbeit leisten müssen, werden nach Abb. 66 von Gabeln getragen und laufen auf Wälzlagern. Der Gabelschaft einer Rolle wird durch 2 Stahllaschen fest mit dem Werkzeughalter des Schlittens verbunden, so daß die Rolle in der ihr erteilten Arbeitsstellung auch bei stärkster Beanspruchung unverrückbar verbleibt.

In Deutschland wird die Umformung mit Rollen zum Unterschied vom Drücken mit Stabwerkzeugen „Planieren" geheißen, wahrscheinlich, weil zu Anfang die

---

[1] Wie bei Drehbänken ist es auch bei Drückbänken angebracht, an Stelle des Fremdwortes „Support" oder „Kreuzsupport" die deutschen Worte Schlitten, Werkzeugschlitten, Kreuzschlitten usw. zu verwenden.

Roll- oder Planierwerkzeuge ausschließlich zum Glätten und Ebnen von Oberflächen verwendet worden sind. In anderen Ländern, insbesondere in den USA, kennt man in der Bezeichnung keinen Unterschied, man spricht nur von „Metal Spinning", Metalldrücken, gleich, ob von Hand mit Stabwerkzeugen oder mit dem Werkzeugschlitten und mit Rollwerkzeugen umgeformt sind.

16. Die Stufung der Drückbänke. Der Gesamtbereich, der durch das Drückverfahren beherrscht werden kann und der bis zu Werkstückdurchmessern von

Tabelle 8. *Stufung der Drückbänke.*

Spitzenhöhe mm	200	300	400	500	600	800	1000
Spitzenweite mm	500	800	1050	1250	1400	1750	1500
Anzahl der Spindeldrehzahlen							
a) normal	4	4	4	4	4	nach Wunsch	
b) nach Wunsch	8	8	8	8	6	—	—
Bereich der Spindeldreh-	450	278	216	150	135		
zahlen n/min	—2800	—410	—1180	—600	—450		
Weg der Reitstockpinole. . .	210	290	410	650	—	—	—
Länge des Schlittens	—	525	650	850	—	—	—
Antriebsleistung des Motors							
in PS	2,5	3	4	7	8	9	12,5

5000 mm und darüber reicht und Werkstücktiefen von 1000 mm und mehr meistern läßt, ist nicht mit einer Bank zu beherrschen, zumal die Blechdicken von 0,5 mm bis zu 150 mm und entsprechend die erforderlichen Umformleistungen schwanken.

Die Leistungen der Drückbänke werden deshalb gestuft, wie die Tab. 8 für den Hauptbereich zeigt. Diesen überschreitende Werkstücke müssen mit Sondermaschinen gedrückt werden, die zweckmäßig mechanischen Vorschub besitzen.

Abb. 51. Drückbank mit Ovalwerk, einer Einrichtung, die den Gewindezapfen zur Futteraufnahme von der Hauptspindel löst und ihn mit Hilfe eines durch ein Exzenter gesteuerten Schlittens eine elliptische Umlaufbewegung ausführen läßt. Durch Veränderung der Exzentrizität ist die Form der Umlaufellipse veränderlich. (*Leifeld.*)

17. Ovaldrückbänke. Wenn gewöhnliche Drückbänke mit einer Einrichtung (Abb. 51) versehen werden, die den Gewindezapfen zur Futteraufnahme von der Hauptspindel löst und ihm eine exzentrische Bewegung erteilt, können außer Umdrehungsgefäßen auch Gefäße mit elliptischem Querschnitt gedrückt werden. Die Einrichtung, die die exzentrische Bewegung einleitet, wird Ovalwerk geheißen.

Abb. 52. Ovaldrückbank, bei der der Aufspannzapfen in der üblichen Weise auf der Hauptspindel angebracht ist und das Drückfutter aufnimmt, aber der Kreuzschlitten durch eine von der Hauptspindel abgeleitete Steuerwelle so bewegt wird, daß das Werkzeug in bezug zum Drückfutter elliptisch abläuft. (*Karl Keilinghaus*, Ahlen.)

Die exzentrische Bewegung des Drückfutters ist nur ein Weg zur Herstellung elliptischer Formen, bei einer anderen Anordnung,

die an der Drückbank Abb. 52 angebracht ist, wird der Schlitten der elliptischen
Form entsprechend bewegt. Mit beiden Einrichtungen lassen sich elliptische Hohlgefäße ebenso leicht drücken wie zylindrische. Durch Verstellung der Exzentrizität, die in gewissen Grenzen möglich ist, werden verschiedene elliptische Formen
erreicht.

B. Mechanisierte Drückbänke.

18. Die Mechanisierung der Drückkräfte. Bei mechanisierten Drückbänken
erfolgt zwar die radiale Zustellung der Werkzeuge zur Umformung auch von Hand,
wie bei den handbetätigten Drückbänken, die Bewegung der Reitstockspindel und
der Vorschub des Kreuzschlittens in axialer Richtung aber mit Maschinenkraft,
entweder unmittelbar mit mechanischer Kraftleitung (Abb. 53) oder mittelbar mit
hydraulischer oder pneumatischer Kraftleitung (Abb. 54).

Am einfachsten und zweckmäßigsten erscheint die hydraulische Kraftleitung,
weil sie am leichtesten eine stufenlose Einstellung der Vorschubbewegung ermöglicht. Die nötige Energie muß durch ein besonderes Aggregat erzeugt werden,
von dem aus sie den zu betätigenden Maschinenteilen zugeleitet wird.

Abb. 53. Drückbank mit mechanischem Vorschub des Werkzeugschlittens, eingeleitet
durch einen besonderen Motor über ein Getriebe,
das die Wahl verschiedener Vorschubgeschwindigkeiten gestattet. (*Erik Eriksson Junior,*
Verktyksmaskiner, Torshälla, Sweden.)

a) Mechanisierte Reitstockbewegung. Für die Mechanisierung der Reitstockbewegung wird noch häufig
Druckluft verwendet, weil sie in
den meisten Betrieben verfügbar
ist und aus einem großen Vorratsbehälter schnell und praktisch
ohne Druckverlust entnommen
werden kann. Die Bewegungen,
die durch die Druckluft gesteuert
werden, erfolgen deshalb mit einer
hohen Geschwindigkeit.

Die Erzeugung von Druckluft
ist aber teuer und eine Druckluftanlage auch nicht in allen Betrieben vorhanden und deshalb ist die
hydraulische Bewegung oft vorzuziehen. Die Geschwindigkeit der

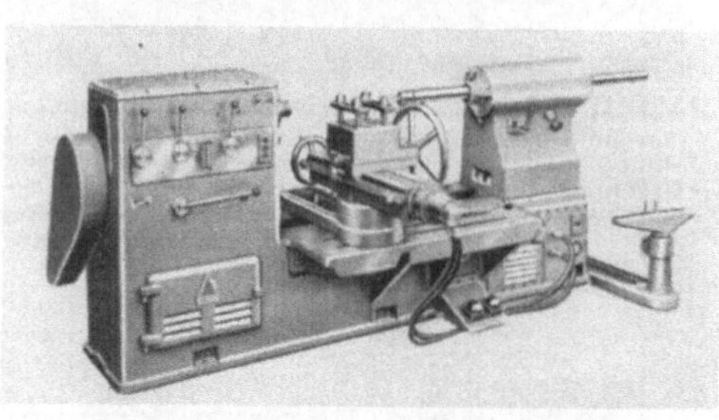

Abb. 54. Drückbank mit hydraulisch betätigtem selbsttätigem Vorschub, eingeleitet durch eine Pumpe über
einen hydraulischen Motor, Ritzel und Zahnstange. Die
stufenlose Änderung der Pumpenleistung ergibt eine
stufenlose Einstellung des Vorschubs in weiten
Grenzen. (*Leifeld.*)

Bewegungen ist in diesen Fällen abhängig von der Fördermenge der Pumpe, die
zweckmäßig im Bett der Drückbank untergebracht wird. Da mit hydraulischen
Pumpen, auch einfachen, hohe Drücke erreicht werden, haben hydraulische Druckzylinder bei gleichem Anpreßdruck wesentlich kleinere Abmessungen als Druckluftzylinder, so daß die für ausreichende Geschwindigkeiten erforderliche Menge
von Druckflüssigkeit leicht gewonnen werden kann.

Die Einleitung der Reitstockbewegung erfolgt in beiden Fällen über ein Ventil,
das entweder von Hand oder (Abb. 54) mit dem Fuß betätigt werden kann.

b) Mechanisierter Schlittenvorschub. *1. Mechanische Energieleitung.* Um den Schlitten mechanisch gleichmäßig bewegen zu können, kann die Energie nach Abb. 55 vom Hauptantrieb abgeleitet und über ein Zwischengetriebe mit wählbarer Übersetzung durch eine Teleskopwelle zum Schlitten geführt werden.

Soll der Hauptantrieb nicht belastet oder die Einrichtung für mechanischen Vorschub nachträglich angebaut werden, dann wird als Energiequelle für den mechanischen Vorschub ein besonderer Motor genommen und die für den Vorschub erforderliche Energie nach Abb. 53 wieder über ein Zwischengetriebe zum Schlitten geleitet.

Werden Rädergetriebe gewählt, ist die Zahl der möglichen Vorschübe beschränkt; zweckmäßiger ist ein stufenlos verstellbares Getriebe, das mechanisch, elektrisch oder hydraulisch wirken kann.

2. Die hydraulische Energieleitung für den Schlittenvorschub nach Abb. 54 hat sich als besonders einfach und zweckmäßig erwiesen, da sie gleichzeitig die stufenlose Übersetzung und damit die stufenlose Änderung der Vorschubgeschwindigkeiten für den Schlitten erreichen läßt. Die Energie wird durch ein im Maschinenbett untergebrachtes Aggregat, bestehend aus einer mit einem Elektromotor unmittelbar gekuppelten Pumpe — am einfachsten einer Zahnradpumpe — gewonnen. Die Druckflüssigkeit, Mineralöl mit einer Viskosität von rd. 4 Engler bei 50° C, sog. Hydrauliköl, wird zu einem im Unterschlitten befindlichen Zylinder geleitet, in dem sich ein mit dem Oberschlitten verbundener Kolben bewegt. Durch einfache Drosselung läßt sich die Geschwindigkeit des Vorschubs stufenlos verändern. Der Wirkungsgrad der hydraulischen Energieleitung ist wegen der geringen Zahl der Zwischenglieder gut; die Steuerung ist sehr einfach, mit der Hand oder mit dem Fuß zu betätigen, und läßt sich gut zu einer Programmsteuerung ausbauen, so daß die ganze Schlittenlängsbewegung, Vorlauf und Rücklauf, und auch die Arbeit der Reitstockpinole, selbsttätig ablaufen.

Will man die Vorschubbewegung nicht unmittelbar vom Hydraulikkolben abhängig machen, kann die von der Pumpe zum Schlitten geleitete Druckflüssigkeit auch zu einem hydraulischen Motor gegeben werden, der mit einer Gewindespindel für den Vorschub verbunden ist. Diese Bauweise ist allgemeiner, denn sie trennt den Antrieb vom Schlitten und schafft so getrennte Baugruppen für die Fertigung.

Nicht nur die Längsbewegung des Schlittens läßt sich hydraulisch beherrschen, sondern, wo es zweckmäßig ist, wie bei Nachformdrückbänken nach Abb. 57, auch die radiale Zustellung des Werkzeugs.

c) Erweiterung des Längsvorschubs durch mechanisierte Verstellung des Schlitten- und Reitstockbettes. Außergewöhnlich große Drückteile werden auf Drückbänken (Abb. 55···56) hergestellt, bei denen das Bett geteilt ist in den Ständer, der den Antrieb und die Hauptspindel trägt, und das Kastenbett, das den Schlitten und den Reitstock trägt. Beide Teile sind auf einer gemeinsamen Grundplatte aufgebaut, der Ständer der Hauptspindel fest, das Kastenbett mit Schlitten und Reitstock auf einer breiten Führungsbahn verschiebbar. Um das Kastenbett nicht zu groß und schwer machen zu müssen, kann der Schlitten auf einer besonderen, parallel zur Führungsbahn gelagerten Platte abgestützt werden.

Die Verschiebung des Bettes erfolgt mechanisch, wobei nach Abb. 56 entwder ein besonderer Antrieb vorgesehen oder aber der Antrieb nach Abb. 55 über ein Zwischengetriebe vom Hauptantrieb abgeleitet werden kann. Die Entscheidung für die eine oder die andere Antriebsart, die beide technisch gleich gut sind, wird nach dem Aufwand getroffen, der erforderlich ist.

Wenn für eine sichere Haftung des Kastenbettes auf der Grundplatte, etwa durch eine hydraulische Andrückung, gesorgt ist, läßt sich wie in Abb. 56 die mechanische Verstellung des Kastenbettes, die zunächst zur Erleichterung der

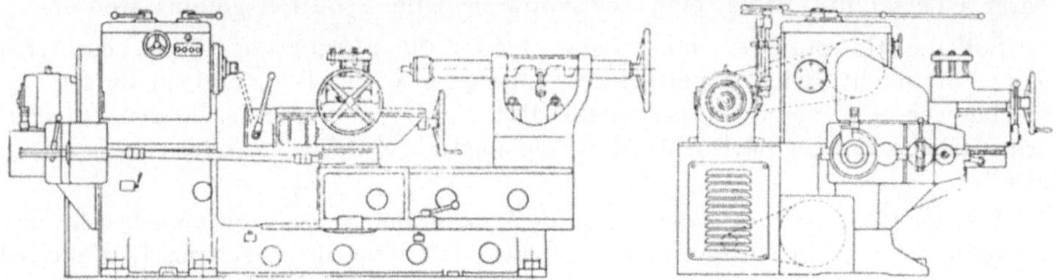

Abb. 55. Drückbank mit Antrieb durch ein stufenlos verstellbares Ölgetriebe und mit mechanischem über ein Verschieberädergetriebe vom Hauptantrieb abgeleiteten Vorschub des Werkzeugschlittens Ein besonderer Elektromotor ermöglicht einen beschleunigten Rücklauf dieses Schlittens. (*Bokö*, *Bohner & Köhle*, Esslingen, Neckar.)

Umstellung auf verschiedene Werkstückabmessungen gedacht war, auch zur Erweiterung des mechanischen Werkzeugvorschubs verwenden, wobei der Reitstock sich gegen den hydraulischen Druck bewegen muß, der auf dem die Pinole betätigenden Kolben lastet.

Abb. 56. Große Drückbank. Spindelstock vom Drückbankbett getrennt. Letzteres auf einer gemeinsamen Grundplatte durch einen besonderen Motor mit Zahnstange und Ritzel auch während der Umformung axial verschiebbar, so daß der mögliche Verschiebeweg den Umformweg des Werkzeuges über den Schlittenweg hinaus erweitert. (*Leifeld*.)

19. Vollhydraulische Drückbänke. a) Nachform-Drückbänke. Mit Drückbänken, bei denen der Längsvorschub mechanisch abläuft, lassen sich sehr leicht Nachformarbeiten ausführen, wenn (Abb. 57) der Querschlitten unter hydraulischen Druck gesetzt und eine Umsteuerung von Zustellbewegung auf Rückstellbewegung vorgesehen wird. Diese ist sehr einfach zu erreichen, wenn die die Drückumformung ausführende Rolle nach Abb. 58 nicht senkrecht zur Werkstückachse gerichtet ist, sondern unter einem Winkel von möglichst 45°, denn dann wird der Druck im Zylinder für den radialen Vorschub erhöht, wenn das Werkzeug auf eine Schulter der Form trifft. Diese Drucksteigerung kann zur Auslösung eines Umsteuerventils verwertet werden, das so lange auf Rückzug umstellt, bis der Druck im Vorschubzylinder wieder gesunken ist.

Diese Arbeitsweise ist möglich, wenn das Drückfutter zugleich Bezugsformstück ist, scharfe Übergänge nicht verlangt werden und die Umformung in einem Durchlauf des Werkzeugs zu Ende geführt werden kann. Sind aber scharfe Übergänge erforderlich, die verlangen, daß die Drückrolle senkrecht zur Werkstückachse gestellt wird, oder ist der Grad der Umformung so groß, daß diese mehrere Durchgänge des Werkzeugs erfordert, dann muß mit besonderen Bezugsformstücken gearbeitet werden, die zur Erleichterung der Umwechslung auf einem Revolverkopf befestigt werden können. Die Zustellung wird dann vorteilhaft durch die Druckänderung im Längsvorschub gesteuert.

Abb. 57. Nachformdrückbank. Zum Unterschied gegenüber den gewöhnlichen mit hydraulischem Vorschub ausgestatteten Drückbänken ist nicht nur der Längsvorschub hydraulisch, sondern auch der radiale Vorschub. Dieser wird durch das Drückfutter begrenzt, wobei der Druckanstieg bei Anlauf des Werkzeugs gegen eine Schulter des Drückfutters eine Umsteuerung auf Rücklauf auslöst. (*Leifeld.*)

b) Halbautomatische Drückbänke. Wie schon in Abschnitt 18 b 2 erwähnt, läßt sich die hydraulische Steuerung auf einfache Weise ausbauen. Befinden

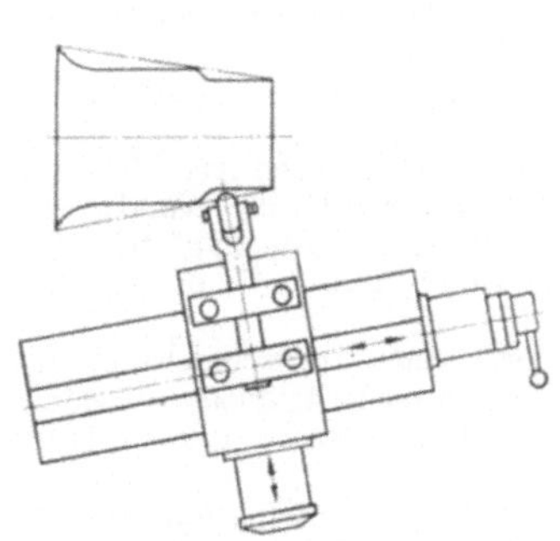

Abb. 58. Schlittenstellung beim Nachformen. Der Schlitten ist gegen die Spindelachse um 45° geneigt, um die Druckkomponente in axialer Richtung im Oberschlitten in möglicher Stärke zum Auswirkung zu bringen. (*Leifeld.*)

Abb. 59. Drückbank zum gleichzeitigen Umformen und Blech-Strecken (Streckdrückbank) mit hydraulisch betätigtem Werkzeugvorschub in axialer und radialer Richtung und hydraulischer Bewegung der Reitstockspindel. Ein hydraulisch gesteuerter, durch die Hauptspindel auf den Gefäßboden reichender Ausstoßer erleichtert und beschleunigt die Werkstückentnahme. (*Leifeld.*)

sich am Anfang und am Ende des Schlittenweges Anschläge, die entsprechend ausgebildete Steuerventile betätigen, dann ist ein selbsttätiger Ablauf der Werkzeug-Längs- und -Querbewegung zu erreichen, so daß der Werker nur noch die Beschickung vorzunehmen und die Maschine einzurücken hat. Die Drückbank wird zum Halbautomat, dessen Bedienung so einfach ist, daß ein Werker gleichzeitig zwei oder mehr Maschinen betreuen kann.

Diese Arbeitsweise ist mit der Drückbank nach Abb. 59 weitgehend verwirklicht, die als Sonderdrückbank zur Herstellung von Kochgeschirren für Elektro-Platten und -Herde gebaut ist und die Umformung einer Scheibe zum Topf mit einer Streckung der Wand durch Schwächung des Blechs verbindet. Sie zeigt, welch große Kräfte sich hydraulisch beherrschen lassen.

Bei der Drückbank wird die Hauptspindel durch einen Elektromotor von 10 kW über ein Schieberädergetriebe angetrieben, das die Wahl von 9 verschiedenen Vorschubgeschwindigkeiten in dem Bereich von $0\cdots3,4$ m/min zuläßt. Die Umformung erfolgt durch 3 auf dem Oberschlitten mit Wälzlagern gelagerten Rollen, von denen zwei, der Höhe und der Seite nach verstellbar, während der Umformung fest von einem Bock am hinteren Ende des Oberschlittens getragen werden, die dritte aber vorn in einem auf dem Oberschlitten schwenkbaren Gehäuse sitzt und hydraulisch gegen einen festen, durch Handrad, Ritzel und Zahnstange verstellbaren Anschlag gedrückt wird. Der Anschlag bestimmt den Abstand der vorderen Formrolle von den hinteren und so in Verbindung mit dem Drückfutter den Durchmesser und die Wanddicke des zu erstellenden Topfes.

Der Oberschlitten ist auf dem Unterschlitten schwimmend gelagert, wodurch erreicht wird, daß sich die Umformarbeit gleichmäßig auf die vordere und die hinteren Formrollen verteilt und die Hauptspindel von seitlichem Druck entlastet ist. Dadurch wird die Beanspruchung der Hauptspindel außerordentlich verringert und die Lebensdauer der Drückbank entsprechend verlängert. Während die Zustellung fest eingestellt ist und bleibt, ist der Längsvorsschub, der hydraulisch betätigt wird, stufenlos verstellbar. Er wird eingeleitet durch einen mit dem Unterschlitten verbundenen Kolben, der sich in einem im Maschinenbett befindlichen Druckzylinder bewegt. Der Ablauf der Umformung, deren Energiebedarf mit Hilfe eines Amperemeters festgestellt und überwacht werden kann, geht folgendermaßen vor sich:

1. Die Drückscheibe wird mit Hilfe besonderer Anschläge mittig vor das Drückfutter gestellt;

2. die Reitstockspindel wird hydraulisch gegen die Drückscheibe und das Drückfutter gepreßt;

3. der Vorschub wird eingeschaltet und läuft bis zu einem eingestellten Anschlag selbsttätig ab, das Werkzeug formt dabei die Scheibe zum Topf und streckt die Wand;

4. der Spindelantrieb wird abgeschaltet und durch Schaltung auf Rücklauf schnell abgebremst, wobei der Stillstand durch einen Bremswächter kontrolliert wird; die Reitstockpinole wird weggeführt;

5. der fertige Topf wird mit Hilfe der hydraulischen Vorrichtung am Spindelstock durch eine durch die durchbohrte Hauptspindel gehende Druckstange vom Drückfutter abgestoßen, nachdem die vordere Planierrolle abgeschwenkt worden war, falls die Streckung nicht über die ganze Topfhöhe vorgenommen worden ist;

6. der Vorschub wird auf Rücklauf gestellt, der den Schlitten in die Ausgangsstellung zurückbringt, so daß ein neues Arbeitsspiel beginnen kann.

Der Zeitbedarf für ein Arbeitsspiel liegt mit etwa 100 Sek. sehr günstig, mindestens 75 % niedriger als bei Handvorschub, und die Umstellung von einer Topfgröße auf eine andere, die 20 bis 30 Minuten fordert, ist leicht vorzunehmen.

Die Umformung wird durch eine Umlaufschmierung, die den Rollen an die Arbeitsstellen die Schmierflüssigkeit ständig und unter hohem Druck zuführt und die entstehende Wärme gut abführt, wesentlich erleichtert. Die gute Schmierung verbessert zusammen mit dem gleichmäßigen Vorschub die Oberflächengüte gegenüber dem Handdrücken so sehr, daß die Oberfläche bei der Umformung von nichtrostendem Stahl z. B. wie poliert wirkt. Bei der Umformung lassen sich Topfformen nach Abb. 60 erreichen, dabei kann der Übergang vom Boden zur Wand scharf oder allmählich verlaufen.

Erfolgen die Bewegungen der Maschinenorgane mit Hilfe einer Programmsteuerung, die die Bewegungen so verriegelt, daß eine weitere erst folgen kann, wenn die vorhergehende abgelaufen ist, dann beschränkt sich die Maschinenbedienung lediglich auf das Zuführen der Drückscheibe und das Einrücken. Die Erstellung der zylindrischen Töpfe wird dann ebenso einfach und vorteilhaft wie die Erstellung kegeliger Gefäße, für die in den USA halbautomatische Drückbänke seit Jahren im Betrieb sind.

Diese haben sich auch bei größten Serien den Pressen gegenüber als überlegen erwiesen.

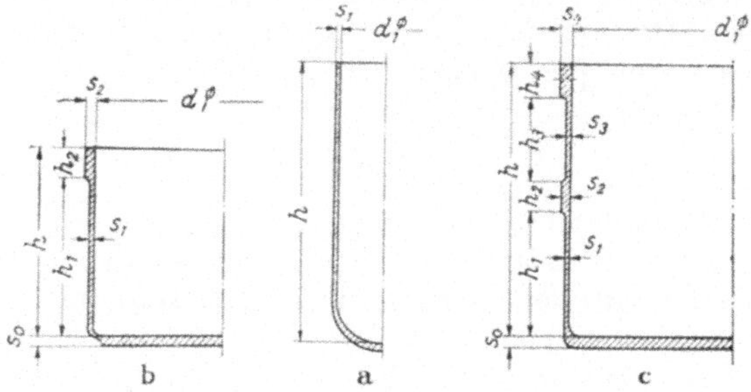

In Anbetracht der erreichbaren hohen Umformungsgrade dürfte diese Überlegenheit auch für die programmgesteuerten Streckplanierbänke bei zylindrischen Töpfen erwartet werden.

c) Portaldrückbank.

Eine Sonderausführung hydraulisch betätigter Drückbänke ist die Drückbank in Portalbauart nach Abb. 61, die für ganz schwere Umformungen an Scheiben von größten Durchmessern gebaut wird.

Abb. 60. Topfformen, die mit der Drückbank nach Abb. 56 aus einer Kreisscheibe in einem Durchlauf erzeugt werden. *a* Töpfe mit gleicher Wanddicke auf der ganzen Höhe, *b* Töpfe mit verstärkter Mündung, *c* Töpfe mit verstärkter Mündung und verstärkter Wandzone.

Der obere Querträger, der die Aufgabe des Reitstocks übernimmt, trägt einen so großen hydraulischen Druckzylinder, daß Drücke von 250 t ausgeübt und entsprechend schwere Formstanzarbeiten durchgeführt werden können. Der Druckzylinder kann als hydraulische Presse angesprochen werden, so daß die Maschine eine Verbindung von hydraulischer Presse und Drückbank mit hydraulisch betätigtem Vorschub vorstellt. Die Presse dient vor allem zur Warmformung von gewölbten Kesselböden (Abb. 20), die einen Durchmesser bis zu 5000 mm und eine Dicke bis 150 mm haben können. Zur Umformung werden die auf Warmarbeitstemperatur gebrachten Scheiben auf ein ebenes, auf dem Maschinentisch befindliches Drückfutter aufgelegt. Durch 4

Abb. 61. Drückbank in Portalbauart mit hydraulischer Presse als Reitstock und hydraulischer, durch eine feste Form (Schablone) begrenzter Schlittenbewegung für die Umformung von Scheiben mit Durchmessern bis 6000 mm und Dicken bis 160 mm.

zentral bewegte Schraubspindeln, die radial gegen die Scheibe vorgeführt werden, wird die Scheibe mittig gestellt und durch den Stößel der hydraulischen Presse über einen flachen Andrücker fest auf den Maschinentisch gepreßt. Nun werden die zwei gegenüberliegenden, die Formrollen tragenden Schlitten eingerückt, die den über das Drückfutter vorstehenden Rand der Drückscheibe zu einem axial gerichteten Rand umformen, während der Pressentisch mit $n = 80$ U/min umläuft. Zunächst wird frei gedrückt, aber am Ende der Umformung wird der Rand gegen eine feste Gegenform gedrückt, so daß er gleichmäßig geformt wird.

Bei der Ausbildung des Randes kühlt sich die Scheibe so weit ab, daß sie nachgewärmt werden muß. Während der Nachwärmung wird das ebene Drückfutter auf dem Tisch gegen ein konvex gewölbtes, die Andrückscheibe gegen eine konkav gewölbte und die Bördelrollen gegen Formrollen ausgewechselt. Nun kann die vorgeformte und nachgewärmte Drückscheibe wieder aufgelegt und gemittet werden. Der Andrücker formt die von ihm erfaßte Zone wie ein Kümpelwerkzeug und die Formrollen wölben den Restteil der Scheibe.

C. Sondermaschinen für Drückarbeiten.

Für die einfacheren Umformungen, die durch Drücken vorgenommen werden können, insbesondere die Umformungen, die an Tiefziehteilen erforderlich werden, das Beschneiden, Bördeln, Falzen, Sicken und Gewinderollen, sind eine Reihe von Sondermaschinen geschaffen worden, die die Umformung erleichtern und beschleunigen. Sie werden von Hand beschickt und betätigt, oder sie arbeiten halbautomatisch oder gar vollautomatisch und erreichen eine erstaunlich hohe Leistungsfähigkeit. Aus Platzmangel kann aber hier nicht auf sie eingegangen werden.

III. Drücken und Drückbleche.

A. Einfluß des Drückvorganges auf das Drückblech.

20. Die Beanspruchung des Blechs beim Drücken. Um die Beanspruchung des Blechs beim Drücken klarer übersehen zu können, wird der Drückvorgang, auch soweit er gleichzeitig abläuft, als in hintereinander verlaufenden Einzelvorgängen entstanden betrachtet. Bei dieser Betrachtung wird festgestellt, daß das Blech zunächst örtlich gegen den Spindelstock der Drückbank um die Stirnkante des Drückfutters abgebogen wird, wobei eine Kraft in Achsrichtung ausgeübt werden muß. Dann wird die örtliche Biegung durch die Umdrehung der Drückscheibe auf den Umfang übertragen, wobei eine tangentiale Kraft wirksam wird und schließlich wird durch die radiale Bewegung des Drückwerkzeugs und die Zuführung einer radial wirkenden Kraft die ganze Ringfläche der Drückscheibe umgeformt.

Die Kraftwirkung ist verwickelt und rechnerisch nicht einwandfrei zu erfassen.

Etwas einfacher als beim Drücken mit dem Stabwerkzeug von Hand liegen die Verhältnisse beim mechanischen Drücken, bei dem das Werkzeug sich nur in Achsrichtung bewegt, insbesondere beim reinen Strecken, das als Walzen zu betrachten ist.

21. Werkstoffwanderung. Die auf das Blech ausgeübten Kräfte müssen so groß sein, daß die in ihm auftretenden Spannungen die Elastizitätsgrenze überschreiten, und das Blech in einen bildsamen Zustand überführen, in dem die Metallteilchen ihre Lage sowohl in axialer, als auch in radialer Richtung verändern können, wie es der Übergang vom größeren Achsabstand in der Scheibe zum kleineren Achsabstand im Topf erfordert. Die Lagenveränderung der Metallteilchen bestimmt den Grad der Umformung.

22. Gefügeänderung. Der Werkstoff-Fluß wird ermöglicht durch den kristallinen Aufbau des Metalls. Unter der den Kristallen aufgezwungenen Spannung verzerren sie sich zunächst, dann aber treten Verschiebungen von Kristallteilchen längs bestimmter Ebenen, den Gleitebenen, auf, die auch nach Wegnahme der Beanspruchung nicht mehr zurückgehen. Je stärker die Beanspruchung ist, um so stärker die Verschiebung der Kristallteilchen und um so stärker die Spannung im Kristallaufbau, die sich nach außen als Steigerung der Werkstoffhärte zu erkennen gibt. Die Verschiebungsmöglichkeit der Kristallteilchen ist abhängig von der Kristallform, dem Kristallaufbau, der Zahl und Größe der in der Volumeinheit vorhandenen Kristalle, und dehalb ist die Formänderungsfähigkeit und die Verfestigungsgeschwindigkeit bei den verschiedenen Werkstoffen, aber auch bei gleichen Werkstoffen verschiedenen Glühzustandes, verschieden.

23. Die Umformgeschwindigkeit. Je schneller eine Drückscheibe umläuft, desto mehr wird die örtliche Umformung zur punktförmigen, um so niedriger wird die Kraft, die aufgewendet werden muß, um so schneller die Übertragung auf einen Kreis, um so höher aber bei einem bestimmten Umformungsgrad die zuzuführende Leistung. Mit Rücksicht auf diese haben sich in der Praxis die Umformgeschwindigkeiten der Tab. 9 u. 10 als zweckmäßig erwiesen, die mit wachsender Umform-

Tabelle 9. *Drückgeschwindigkeiten für Aluminium ohne Blechschwächung.*

| Drückscheibe | | Drehzahl der | Drückgeschwindigkeit |
Durchmesser mm	Dicke mm	Drückbankspindel U/min	m/min
100	0,5—1,5	1200—2000	375— 630
100— 300	0,5—1,25	850—1200	375-— 815
	1,0—2,0	600— 900	280— 575
300— 600	1,0—2,0	550— 750	720—1050
	2,0—4,5	450— 300	430— 575
600— 900	1,0—1,75	450— 600	1140—1280
	2,0—4,5	250— 550	720—1050
900—1800	4,5—9,0	50— 250	290— 720

(Für andere Werkstoffe sind die Drückgeschwindigkeiten bei gleichen Durchmessern der Drückscheiben der höheren Festigkeit entsprechend niedriger zu wählen.)

Tabelle 10. *Drückgeschwindigkeiten bei verschiedenen Werkstoffen beim Drücken mit gleichzeitigem Blechstrecken.*

| Werkstoff | Drückscheibe | | Drehzahl der Drückbankspindel U/min | Drückgeschwindigkeit m/min am Futterumfang |
	Durchmesser mm	Dicke mm		
Al 99,5	240	8	490	250
St V. 23	340	3,5	264	180
Nichtrost. Stahl.	280	3,5	264	180

leistung, d. h. mit größer werdendem Scheibendurchmesser, wachsender Blechdicke und zunehmender Gefäßtiefe, abnehmen.

24. Die Schmierung beim Drücken. Die Formänderungsarbeit läßt sich durch Verringerung der Reibung zwischen Drückscheibe und Drückwerkzeug verringern, wie sie mit einer guten Schmierung erreicht wird. Beim Drücken mit Stabwerkzeugen werden die Schmierstoffe zweckmäßig mit Pinsel, Bürste oder Lappen auf die Drückscheibe aufgebracht. Um ein Abschleudern infolge der Zentrifugalkräfte, die beim Umlauf der Scheibe wirksam werden, möglichst zu vermeiden, wählt man zum Schmieren möglichst steiflüssige zähe Stoffe nach Tab. 11. Dabei werden die hochwerti-

Tabelle 11. *Schmierstoffe für Drückarbeiten.*

Dickes Getriebeöl	Bienenwachs
Petroleum-Gallerte	Gelbe Naphtha-Seife
Staufferfett	Kernseife
Heißlagerfett	Paraffin
Rindertalg	

geren Stoffe für feine Drückarbeiten, die geringerwertigen für grobe Drückarbeiten gewählt.

Bei den mechanisierten Drückbänken, die mit einer Umlaufschmierung ausgestattet sind, können dünnere Schmiermittel, Öle und Ölemulsionen, verwendet werden, da die Zuführung an der Angriffsstelle des Werkzeugs erfolgen kann und die Schmiermittel mit niedriger Viskosität eine intensivere Kühlung erreichen lassen, als sie mit den zäheren Mitteln möglich ist.

Wenn auf ein besonders sauberes Arbeiten Wert gelegt wird, ist auch die Reibungserleichterung durch eine nichtmetallische Schicht in Betracht zu ziehen, wie sie für kohlenstoffarmen Stahl durch Phosphatierung zu erreichen ist. Durch Eintauchen der phosphatierten Bleche in eine Lösung von 3···5 % Kernseife mit Wasser wird ein Teil dieser Phosphatschicht verseift. Die dabei entstandene Metallseifenschicht genügt als Schmierfilm für starke Umformungen.

Ähnliche, die Umformung erleichternde Schichten sind für Leichtmetalle und für nichtrostende Stähle bekanntgeworden.

B. Drückbleche und ihre Behandlung.

25. Werkstoff-Fragen. Grundsätzlich lassen sich alle Werkstoffe durch Drücken umformen, die in Blechform zu erhalten sind, jedoch ist die Formänderungsfähigkeit und damit auch die Drückeignung verschieden, abhängig von der Kristallform und dem Kristallaufbau. Ein objektives Maß für die Drückfähigkeit ist nicht zu geben; sie entspricht grundsätzlich der Tiefzieheignung. Ein Blech, das sich gut tiefziehen läßt, ist auch gut zu drücken. Einen Rückschluß auf die Drückfähigkeit läßt Tab. 12 zu, in der die Drückfähigkeiten verschiedener Werkstoffe einander gegenübergestellt sind. Manche Werkstoffe, insbesondere weiche, wie

Aluminium, Zinn, Zink und Reinkupfer,

lassen sich kalt beliebig oft und zu beliebigen Graden umformen. Diese Werkstoffe eignen sich deshalb besonders gut zum Drücken. Die Wahl des Werkstoffes

Tabelle 12. *Drückeignung der Werkstoffe.*

Werkstoff	Art der Umformung	
	seicht	tief
Al 99,9	1,0	1,0
Al 99,5	1,0	1,0
Al Mn	1,0	0,995
Tiefziehblech	0,91	0,91
Emaillierblech.	0,91	0,73
Nichtrostender Stahl . . .	0,7	0,7
Reinzink	0,94	0,94
Reinkupfer, weich	0,87	0,87
Drückmessing	0,86	0,86
Phosphorbronze, weich . . .	0 74	0,4
Reinnickel	0,7	0,7
Monel	0,64	0,54
Inconel	0,63	0,34

ist aber nicht nur von der Drückfähigkeit her zu entscheiden, sondern vor allem bestimmt durch die Anforderungen, die an das Fertigstück gestellt werden. Dabei stehen im Vordergrund:

1. das Aussehen,
2. die Festigkeit, auch die Warmfestigkeit,
3. die Beständigkeit gegen korrodierende und gegen chemische Angriffe.

Während früher das Aussehen in den meisten Fällen entscheidend gewesen ist, so daß überwiegend Nichteisenmetalle verarbeitet wurden, also

Zinn, Zink, Kupfer, Messing und Nickel,

wird heute der Anteil von Leichtmetallen und von nichtrostenden Stählen immer größer, bedingt durch die besondere Eignung des Drückverfahrens zur Herstellung von Kochtöpfen für Elektroherde und von Teilen für den Apparatebau der chemischen Industrie und anderer Industrien.

Beim Apparatebau werden hohe Anforderungen an die Festigkeit, wie an die chemische Beständigkeit der Erzeugnisse gestellt, denen nur durch die Verwendung hochwertiger Werkstoffe entsprochen werden kann. Diese werden entweder rein verwendet oder aber als Plattiermetalle zu kohlenstoffarmem Stahl als Grundstoff. Die plattierten Bleche vereinigen die chemische Beständigkeit der reinen Nichteisenmetalle oder nichtrostenden Stähle mit der Festigkeit des Stahls. Den Anforderungen entsprechend, die an die Apparate gestellt werden, werden als Plattiermetalle bevorzugt verwendet:

> Kupfer und Kupferlegierungen (Messing, Tombak),
> Reinnickel und Nickellegierungen (Monel, Inconel),
> Nichtrostende Stähle (Chromstähle, Chrom-Nickel-Stähle).

Leichtmetallegierungen, an deren Korrosionsbeständigkeit gegen Luft oder gegen Seewasser besondere Anforderungen gestellt werden, werden mit Reinaluminium oder mit kupferfreien Aluminiumlegierungen plattiert.

Die Plattierung wird in vielen Fällen nicht nur aus wirtschaftlichen Gründen gewählt, obwohl diese allein schon ihre Verwendung rechtfertigen kann, sondern auch aus Festigkeitsgründen. Die Verarbeitung der plattierten Bleche unterscheidet sich nicht von der eines vollen Bleches; die Drückfähigkeit entspricht aber der des Werkstoffes mit der geringeren Drückeignung.

Bei den gewöhnlichen Drückverfahren werden nur Bleche in den Dicken der Tab. 13 verarbeitet; bei besonderen Verfahren, insbesondere im Kessel- und Apparatebau werden aber Bleche bis zu einer Dicke von 150 mm verarbeitet, kohlenstoffarme Stahlbleche und plattierte Bleche. Der Durchmesser der Drückscheiben reicht bis 6000 mm, kann aber als unbegrenzt angesprochen werden. Er ist nur begrenzt durch die Einrichtung, über die verfügt werden kann.

Der Oberflächenzustand der Bleche ist für das Drückverfahren von erheblich geringerer Bedeutung als für andere Verfahren der spanlosen Umformung, bei denen die Reibung des Blechs gegen das Werkzeug eine große Rolle spielt, denn beim Drücken wird die Oberfläche bearbeitet und ihre Güte verändert bzw. neu bestimmt. Deshalb können nen beim Drücken oft Bleche geringerer Güte, z. B. Stahlbleche der Gruppe I oder III verwendet werden, wo zum Ziehen Bleche der Gütegruppe VII oder VIII genommen werden müßten. Aus gleichem Grund wird oft auch Blech mit gröberem Korn feinkörnig geglühtem vorgezogen, wenn es mit gröberem Korn weicher ist, z. B. bei Messing.

Tabelle 13. *Zulässige Blechdicken beim Drücken von Hand mit Stab- und Rollwerkzeugen.*

Werkstoff	Größte Dicke mm
Al	8,0
Reinzink	6,0
Reinkupfer	
Drückmessing . . .	
Tiefziehblech . . .	5,0
Nickel	
Nichtrostender Stahl	3,0

26. Blechformen. Die Drückscheiben können aus allen handelsüblichen Formen der Bleche ausgeschnitten werden, aus Tafeln oder aus Bändern bzw. Streifen. Da Drückteile meist nur in kleineren Serien anfallen, überwiegt die Tafelform, die eine freiere Aufteilung ermöglicht. Wertvollere Werkstoffe, Nichteisenmetalle und Leichtmetalle, wird man meist als Ronden anliefern lassen, um den Geldbedarf bei der Blechbeschaffung möglichst klein zu halten.

Durch Drücken lassen sich aber nicht nur Bleche verarbeiten, wie sie das Walzwerk liefert, sondern nach Abb. 62 auch weiter verarbeitete Bleche, gelochte Bleche und gestreckte Bleche (Streckmetall), vorausgesetzt, daß die Verzerrung der Löcher, die bei der Umformung nicht verhindert werden kann, den Verwendungszweck nicht beeinträchtigt, z. B. bei Sieben oder Verkleidungen.

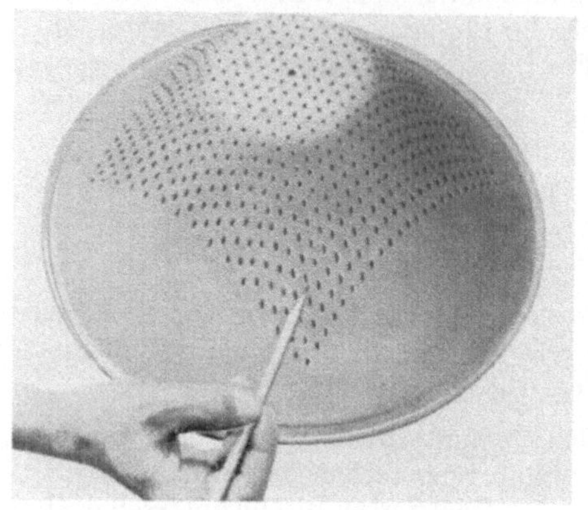

a

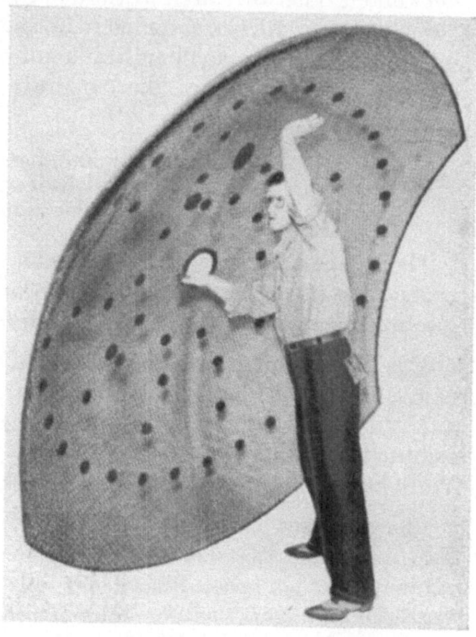

b

Abb. 62a und b. Drückteile aus gestrecktem oder gelochtem Blech. Sie sind möglich, wenn die mit der Umformung unvermeidliche Lochverzerrung zulässig ist. [19].

27. Blechprüfung. Bei Blechen, die zur Umformung durch Drücken bestimmt sind, ist die Prüfung meist einfach. Es genügt eine Feststellung der Formänderungsfähigkeit entweder durch eine Tiefungsprobe nach DIN 5010 oder eine Faltprobe nach DIN 1623 oder durch eine Feststellung der Härte. Die Härteprüfung ist in den meisten Fällen ausreichend und kann schnell durchgeführt werden.

Von groben Fehlern abgesehen, ist die Oberflächenbeschaffenheit meist von untergeordneter Bedeutung, so daß auf eine besondere Prüfung verzichtet werden kann.

Die Normmaße der Blechform müssen eingehalten sein, damit die vorgesehene Aufteilung erreicht wird, aber auf die genaue Dicke braucht nur geachtet zu werden, wenn mit Falzverbindungen gerechnet werden muß. Von diesen Fällen abgesehen, wird mit Stichprobenprüfung auszukommen sein.

Hochwertige Bleche können allerdings eine genaue Prüfung erforderlich machen, die sich nicht nur über die mechanischen Werte erstreckt, sondern auch eine chemische Analyse und eine metallographische Prüfung umfaßt. Die zur Durchführung erforderlichen Prüfmethoden sind an anderen Stellen schon ausführlich beschrieben, so daß auf sie verwiesen werden kann.

28. Erhaltung und Erneuerung des Formänderungsvermögens. Die Verhärtung, die durch die durch die Umformung verursachte Kristallverschiebung entstanden ist, begrenzt den Grad der möglichen Umformung. Dabei kann die Gesamtumformung nur dann zur Bestimmung des Umformungsgrades herangezogen werden, wenn alle Zonen der umgeformten Blechfläche gleich stark beansprucht worden waren, sonst bestimmt die Zone der größten Beanspruchung den Umformungsgrad und das Ende der Formänderungsfähigkeit. Aus den Kurven der Abb. 63 a-f ist zu erkennen,

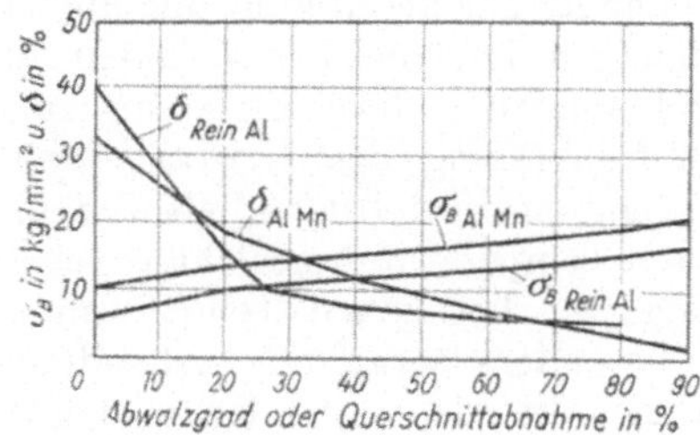

Abb. 63a. Einfluß der Umformung auf Festigkeit und Dehnung von ReinAl und AlMn.

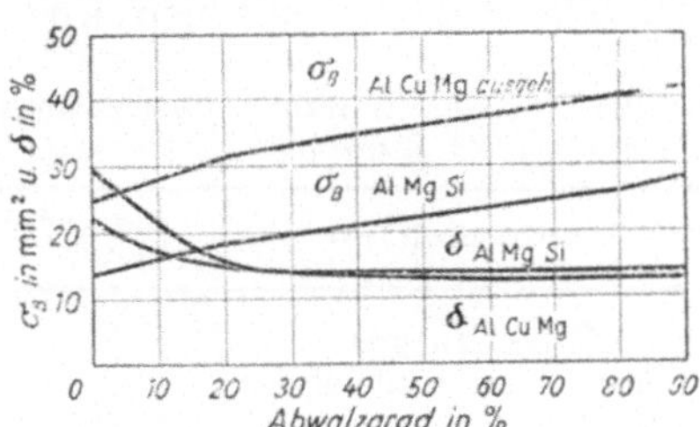

Abb. 63b. Einfluß der Umformung auf Festigkeit und Dehnung von AlMgSi und AlCuMg ausgehärtet.

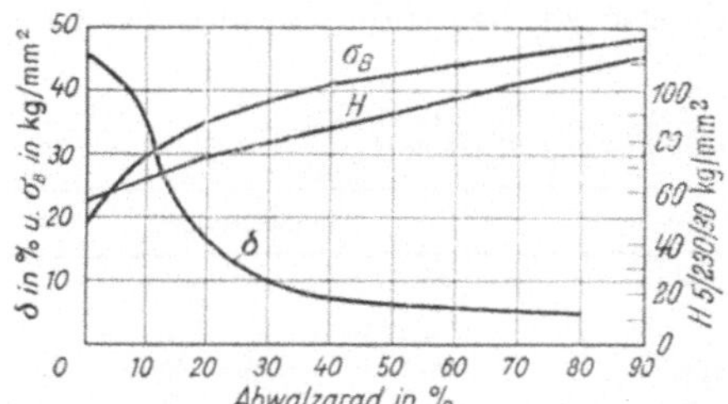

Abb. 63c. Einfluß der Umformung auf Festigkeit und Dehnung von Kupfer. (Nach *Siebel*.)

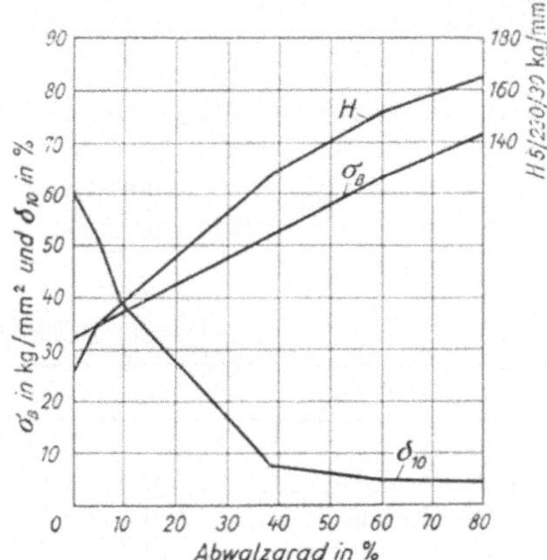

Abb. 63d. Einfluß der Umformung auf Festigkeit und Dehnung von Messing Ms 63 (Drückmessing).

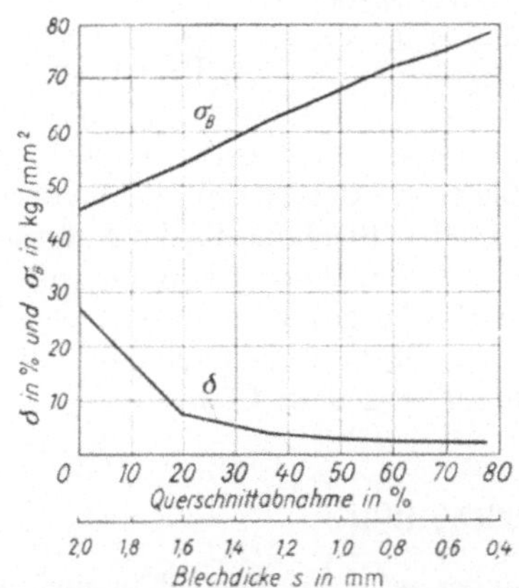

Abb. 63e. Einfluß der Umformung auf Festigkeit und Dehnung von kohlenstoffarmem Bandstahl. (Nach *Pomp* und *Weichert*.)

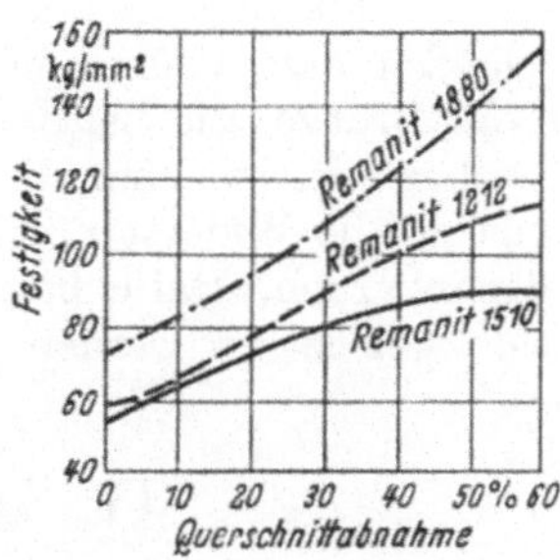

Abb. 63f. Einfluß der Umformung auf Festigkeit und Dehnung von nichtrostendem Stahl.

bei welchen Umformungsgraden und welchen Härten die Formänderungsfähigkeit erschöpft ist; ist diese Grenze erreicht, muß die ursprüngliche Formänderungsfähigkeit des Blechs durch eine Glühung wiederhergestellt werden. Die dazu notwendige Erwärmung des Blechs auf Temperaturen, die aus Tab. 14 zu entnehmen sind, führt zu einer weitgehenden Verringerung oder gar zur Beseitigung der inneren Spannungen im Blech und damit zu einer Erweichung durch Erholung oder durch Neubildung des Kristallgefüges. Die Erholung wird bei verhältnismäßig niederen Temperaturen erreicht, die Neubildung nur bei hohen Temperaturen. Eine besonders sorgfältige Behandlung verlangen die nichtrostenden austenitischen Stähle, wenn keine Güteänderung eintreten soll. Die Vorschriften der Lieferwerke sind genau zu beachten.

Tabelle 14. *Glühtemperaturen für verschiedene Werkstoffe.*

Werkstoff	Glühtemperatur ° C
Al u. Al-Legierungen (meist keine Glühung erforderlich)	250— 300
Kupfer	500— 650
Messing	550— 600
Nickel	500— 900
Stahl (C-arm)	560— 700
Nichtrostender Stahl . . .	1150—1170

Die Glühung wird am zweckmäßigsten in einem Muffelofen vorgenommen, wie die Erwärmung auf Warmarbeitstemperatur. Das dort Gesagte hat auch für die Glühung zur Wiedergewinnung der Formänderungsfähigkeit Gültigkeit.

Der beim Glühen entstehende Zunder muß nach dem Glühen durch Beizen in Bädern mit den Stoffen der Tab. 15 entfernt werden, bevor die Umformung fortgesetzt wird.

Tabelle 15. *Beizmittel für verschiedene Werkstoffe.*

Werkstoff	Beizmittel	Beiztemperatur ° C
Aluminium und Al-Legierungen	10%ige Natronlauge	50
Kupfer, Messing	10%ige Schwefelsäure	50—80
Nickel	20%ige Schwefelsäure	60—80
Stahl (C-arm)	25%ige Schwefelsäure	45—80
	50%ige Salzsäure je 1% Sparbeize	Raumtemp.
Nichtrostender Stahl . .	50%ige Salzsäure bzw. Sonderbeize: Salzsäure mit Salpetersäure nebst 1% Sparbeize	Raumtemp.

Wenn nichtrostende Stähle mit Bronzewerkzeugen umgeformt worden sind, müssen sie vor dem Glühen entfettet und gebeizt werden, damit auch etwaige Spuren von Bronze, die bei der Reibung sich in der Blechoberfläche festgesetzt hatten, sicher entfernt sind, bevor die Bleche auf Temperatur kommen, da die Metallteilchen die Widerstandsfähigkeit der Oberfläche gegen chemische Angriffe herabsetzen würden. Dafür brauchen nichtrostende Stahlbleche nach dem Glühen nicht mehr gebeizt zu werden; sie kommen blank aus dem Ofen.

IV. Die Drückwerkzeuge.

Bei den zum Drücken erforderlichen Werkzeugen ist zu unterscheiden zwischen den formenden Werkzeugen und den Drückformen, gegen die das Blech bei der Umformung gelegt wird und die die Form des Fertigstücks bestimmen. Die formenden Werkzeuge, Stabwerkzeuge und Drückrollen sind allgemein zu verwenden, während die Drückformen oder „Drückfutter" für jedes Werkstück besonders geschaffen werden müssen.

A. Stabwerkzeuge.

29. Formwerkzeuge. Stabwerkzeuge sind die Formwerkzeuge des Drückens von Hand und mit Muskelkraft nach Abb. 6. Das Stabwerkzeug besteht entweder ganz aus Hartholz, wenn die Oberfläche des Bleches besonders geschont werden soll, oder das Blech weich ist, z. B. bei Aluminium und Aluminium-Legierungen, bei Kupfer, Messing und Zink, oder aus einem Metallstab, der am Ende, das die Umformung vornimmt, in einer für die jeweilige Umformung besonders geeigneten Weise flacher oder spitzer geformt, aber nach Abb. 64 immer gut gerundet ist, und mit dem anderen Ende in einem Holzstab steckt, der als Verlängerung dient. Der Metallstab ist etwa 40 mm lang, die Verlängerung 250 bis 500 mm oder länger.

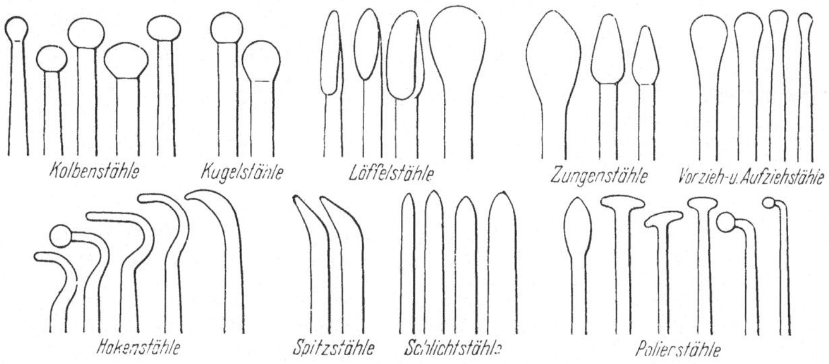

Abb. 64. Stabwerkzeuge zum Drücken.

Als Metall wird der günstigen Reibungseigenschaften wegen Bronze genommen, für die sich eine Legierung aus 90 % Cu, 8 % Al und 2 % Si sehr gut eignet, insbesondere für Werkstoffe, die empfindlich gegen Verletzungen der Oberfläche sind, wie nichtrostende Stahlbleche und plattierte Bleche, oder Stahl, guter Werkzeugstahl, der gehärtet und poliert wird, um das gefürchtete Festbrennen zu vermeiden. Die Grundformen der Arbeitsenden nach Abb. 64 werden oft abgewandelt und mancher Drücker hat seine eigenen Formen, die er als besonders zweckmäßig erkannt und erprobt hat.

Für besonders schwere Umformungen können die Stahlwerkzeuge mit Hartmetall bestückt werden und bei besonders genauer Arbeit an weichen Metallen, die scharfe Ecken erfordern, wird auch mit Diamantspitzen gearbeitet.

Im wesentlichen unterscheidet man zwischen Vorzieh-, Aufzieh- und Nachziehstählen, mit denen die übliche Drückarbeit geleistet wird, Kolbenstählen, Kugelstählen, Löffelstählen und Zungenstählen zur Ausarbeitung verschiedener Formen, sowie Einziehstählen, Hakenstählen, Spitzstählen und Eintiefstählen.

Die Schäfte, die einen Durchmesser bis 50 mm bekommen können, werden aus hartem Buchenholz gefertigt und an der Aufnahmestelle des Metallstabes mit einem Ring bewehrt, der eine Verstärkung vermitteln und gleichzeitig einer Aussplitterung vorbeugen soll. Zuweilen wird der Schaft mit einer Schnur umwickelt, um den Griff weicher und sicherer zu machen.

30. Schneidende Stabwerkzeuge. Mit Stabwerkzeugen, denen Formen nach Abb. 65 gegeben werden, werden auch Schneidarbeiten ausgeführt. Schneidstähle werden aus Schnellstahl gefertigt und oft mit Hartmetall bestückt, um die Standzeit zu verbessern. Für besonders feine Schneidarbeiten werden auch Diamantschneiden verwendet, insbesondere, wenn es sich um eine Oberflächenbearbeitung handelt, bei der auf die Güte besonderer Wert gelegt werden muß, sei es, daß die Drehbearbeitung selbst eine Oberflächenveredelung sein soll oder als Vorarbeit zu einer weiteren Veredelung durch Polieren dient. Diese Vorarbeit wird bei Nichteisenmetallen häufig vorgenommen, auch mit gewöhnlichen, flachen Drehstählen, wobei alle Unebenheiten, die beim Drücken entstanden sein können, durch Abnahme eines feinen Spanes — „Schaben" — beseitigt werden.

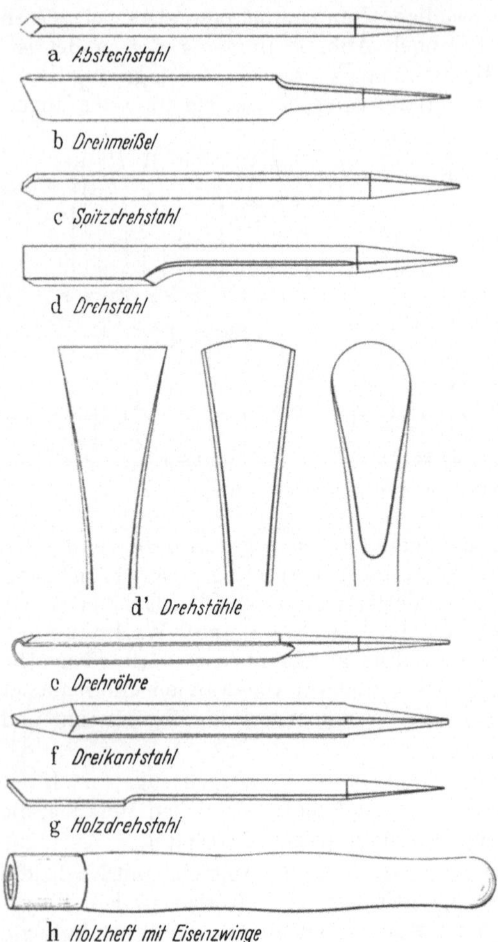

Abb. 65 a–h. Drehstähle verschiedener Formen. *a* Abstechstähle, *b* Meißelstähle, *c* Spitzdrehstahl, *d* Drehstahl, *e* Drehröhre, *f* Dreikantstahl, *g* Holzdrehstahl, *h* Holzheft.

Meist dienen die Schneidarbeiten aber zum Abdrehen und Runden des Scheibenrandes, um Schneidkerben vom Zuschneiden der Drückscheiben zu beseitigen und einer Gefahr des Einreißens während der Umformung vorzubeugen, oder zur Berichtigung der Länge eines fertig geformten oder tiefgezogenen Gefäßes durch Einstechen und Abschneiden eines Ringes oder durch Andrehen, je nachdem die Berichtigung groß ist oder nur zur Beseitigung von Unebenheiten dienen soll, wie sie bei allen Tiefzieh- und Drückarbeiten schon durch die beim Walzen entstehende Kornorientierung bedingt werden.

31. Polierwerkzeuge. Um die durch „Schaben" entstandene Oberflächengüte noch weiter zu verbessern, kann die Gefäßoberfläche in langen Bewegungen mit einem gut polierten Werkzeug überstrichen werden. Je gleichmäßiger der Druck ist, der dabei auf das Werkstück ausgeübt wird, desto besser ist die glättende Wirkung. Das Druckpolierverfahren eignet sich ganz besonders für dünne Bleche aus weichen Nichteisenmetallen. In der Schmuckindustrie und der Uhrenindustrie werden zum Polieren an Stelle von Stahlwerkzeugen Werkzeuge aus Blutstein genommen, die eine gut glättende Wirkung haben.

B. Rollen-Werkzeuge.

32. Drückrollen. Auch bei guter Schmierung ist die Reibung beim Drücken mit Stabwerkzeugen gefährlich hoch; sie wächst mit dem Umformungsdruck und begrenzt schließlich die Möglichkeit der Umformung durch Drücken mit Muskelkraft, wenn diese auch durch eine Hilfskraft erweitert werden kann, die den Tangentialdruck übernimmt und dem Drücker lediglich die Ausübung des Axialdrucks überläßt. Aus diesem Grunde mußte angestrebt werden, von der gleitenden

Reibung der Werkzeuge abzukommen und zu einer rollenden überzugehen. Der Übergang wurde besonders dringend, als mit Einführung des Kreuzschlittens wesentlich höhere Umformungskräfte ausgeübt und beherrscht werden konnten, wenn man das Drückwerkzeug in den Werkzeugschlitten einspannte und es mit diesem bewegte.

Um zu dem angestrebten Ziel zu gelangen, wurde als Formwerkzeug eine gehärtete Stahlrolle genommen, die zwischen einer Gabel gelagert wurde, deren Schaft fest in den Kreuzschlitten eingespannt werden kann. Heute wird an Stelle der einfachen Gleitlagerung auf einem möglichst gehärteten Stahlbolzen eine Wälzlagerung vorgezogen.

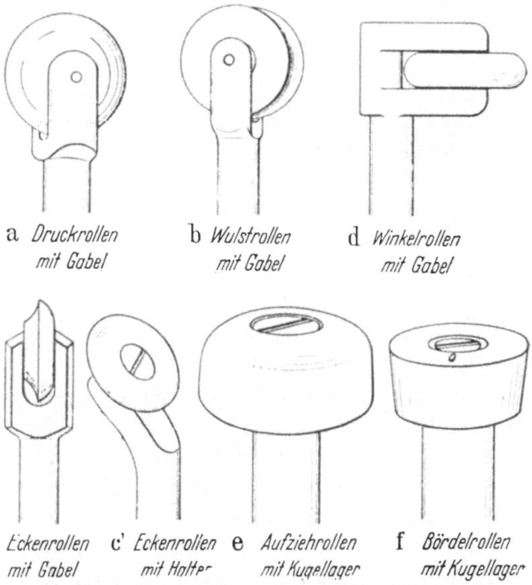

Wie bei den Stabwerkzeugen gibt es auch bei den Drückrollen der Umformarbeit, die sie leisten sollen, entsprechend ausgebildete Formen, von denen Abb. 66 mit Aufziehrollen, Druckrollen, Bördelrollen, Wulstrollen, Eckenrollen und Winkelrollen die wichtigsten und gebräuchlichsten zeigt. Die Durchmesser der Rollen werden der Werkstückgröße und der Umformleistung angepaßt.

Außer den gezeigten Rollenformen gibt es Sonderformen, insbesondere für das mechanisierte Drücken, mit gleichzeitigem Abstechen, sowie für das Glätten und Polieren. Alle Drückrollen müssen aus gutem Werkzeugstahl gefertigt, gehärtet und um so sorgfältiger poliert werden, je besser die Oberfläche werden soll.

Abb. 66 a–f. Drückrollen. *a* Druckrolle, *b* Wulstrolle, *c* Eckenrollen, *d* Winkelrolle, *e* Aufziehrolle, *f* Bördelrolle.

33. Rollende Schneidwerkzeuge. Auch Schneidarbeiten werden mit rollenden Werkzeugen ausgeführt. Entweder ersetzt man die in der Gabel gelagerte Formrolle durch ein Rundmesser nach Abb. 67, mit dem man gegen eine Kante des Drückfutters schneidet, oder man nimmt zwei Rundmesser nach Abb. 68a und b,

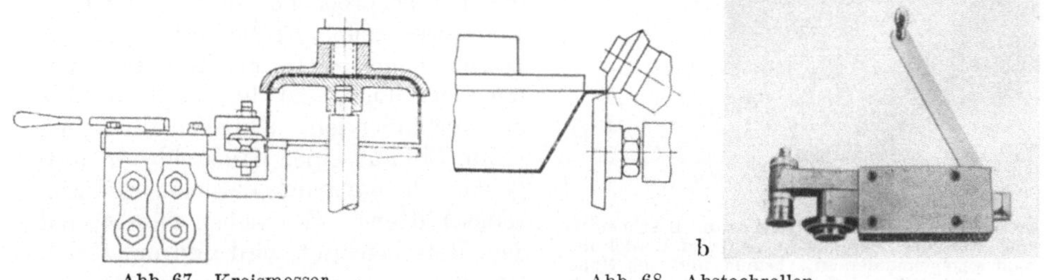

Abb. 67. Kreismesser.   Abb. 68. Abstechrollen.

die gegeneinander schneiden. Die letzten eignen sich je nach der Stellung, die man ihnen gibt, sowohl zum Beschneiden des Topfrandes senkrecht zur Achsrichtung nach Abb. 68a und zum Beschneiden der Gefäßhöhe in Achsrichtung nach **Abb.** 67 und Abb. 68b.

C. Verbundwerkzeuge.

Zur Beschleunigung der Arbeitsausführung können Drückwerkzeuge so miteinander verbunden werden, daß sie unmittelbar nacheinander arbeiten können, und zwar entweder verschiedene Formwerkzeuge, oder Form- und Schneidwerkzeuge.

34. Verbindung verschiedener Formwerkzeuge. Eine der häufigsten Verbindungen von Formwerkzeugen ist neben dem Falzen die Verbindung zweier verschie-

Abb. 69. Verbundwerkzeug zur Ausbildung von Flachrand und Rollrand. Bördelrolle zur Ausbildung des Flachrandes ist fliegend auf Vierkantschaft gelagert, der fest in Werkzeugschlitten eingespannt und mit ihm bewegt wird, während das Bördelwerkzeug am Bördelschaft frei beweglich angelenkt ist und von Hand betätigt wird.

dener Bördelrollen, und zwar einer Formrolle zur Ausbildung eines Flachrandes und einer Formrolle zur Umbildung des Flachrandes in einen Rollrand nach Abb. 69. Diese Drückarbeit ist an Haushaltsgeschirren, wie Eimern, und an leichten Packgefäßen, wie Hobbocks usw., laufend auszuführen, entweder als Endformung vorgezogener Töpfe oder als Randbearbeitung von aus Teilen zusammengesetzten Gefäßen.

Zunächst wird mit der einseitig (fliegend) gelagerten Bördelrolle der Flachrand hergestellt und dann mit der Wulstrolle der Flachrand gerollt. Da die Formrolle, die den Flachrand ausbildet, einseitig gelagert ist, muß sie, um gut geführt zu sein, eine Länge bekommen = 1 bis 1,5 mal dem Rollendurchmesser. Für die Umformung selbst wäre die große Rollenlänge nicht erforderlich; man nützt den Werkstoff aber dadurch aus, daß man die formende Rille an beiden Rollenenden anbringt, so daß, wenn die eine Rille verbraucht ist, nach Drehen der Rolle mit der anderen Formrille weitergearbeitet werden kann.

Zur Ausführung der Umformarbeit wird der die Formrolle für die Ausbildung des Flachrandes tragende kräftige Vierkantschaft fest in den Werkzeugschlitten eingespannt derart, daß die durch einen Zapfen an den Schaft angelenkte Wulstrolle ohne Störung von Hand betätigt werden kann. Ein langer Arm erleichtert durch seine Hebelwirkung die Ausführung der Formarbeit.

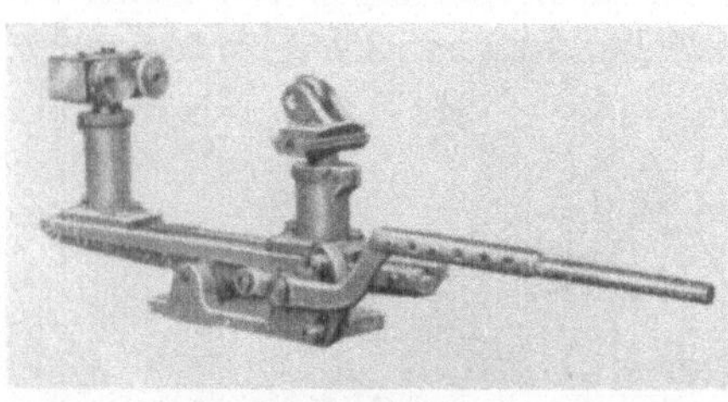

Abb. 70. Verbundwerkzeug zum Beschneiden und Bördeln. Beschneidmesser und Bördelrolle sind gegeneinander im Abstand und der Höhe nach verstellbar auf einer gemeinsamen durch Handhebel betätigten Wippe befestigt, mit der Beschneidwerkzeug und Bördelwerkzeug zum Angriff gebracht werden.

35. Verbindung von Schneid- und Formwerkzeugen. Ebenso häufig, wie die eben besprochene Verbindung zweier Bördelwerkzeuge, ist die Verbindung des Beschneidens eines Flachrandes, bzw. der Gefäßhöhe, und des Bördelns. Die zu verbindenden Werkzeuge werden (Abb. 70) auf einen Hilfsschlitten aufgebaut, der entweder an Stelle des Werkzeugschlittens, oder neben diesem, auf dem Bett befestigt wird und mit einem Handhebel quer bewegt oder gehoben und gesenkt werden kann. Die Arbeitsstellung der Werkzeuge wird durch Anschläge gesichert.

Zur Ausführung der Schneidarbeit werden auf der einen Seite des Hilfsschlittens, meist am hinteren Ende, 2 Kreismesser aufgesetzt, während das andere Ende, meist das vordere, die Bördelrolle trägt. Zunächst wird der Flachrand, der gewöhnlich unrund ist, außen auf Maß beschnitten und dann der Flachrand mit Hilfe der Bördelrolle zum Rollrand umgeformt.

Wenn der Hilfsschlitten neben den Werkzeugschlitten gestellt wird, läßt sich die Schneid- und Bördelarbeit unmittelbar an eine Umformungsarbeit durch Drücken anschließen und so eine Erweiterung der Verbindung von Umformvorgängen erreichen.

36. Sondereinrichtungen. Unter Sondereinrichtungen sollen Vorrichtungen verstanden werden, die die Drückarbeit erleichtern oder die Weiterbearbeitung gedrückter Werkstücke auf den Drückbänken ermöglichen.

a) Vorrichtungen zur Erleichterung der Drückarbeit. Wenn von Hand gedrückt wird und die Umformungsarbeit ausschließlich und unmittelbar durch die Muskelenergie des Drückers geleistet werden soll, wird der erreichbare Grad der Umformung durch die körperliche Leistungsfähigkeit des Drückers oder der

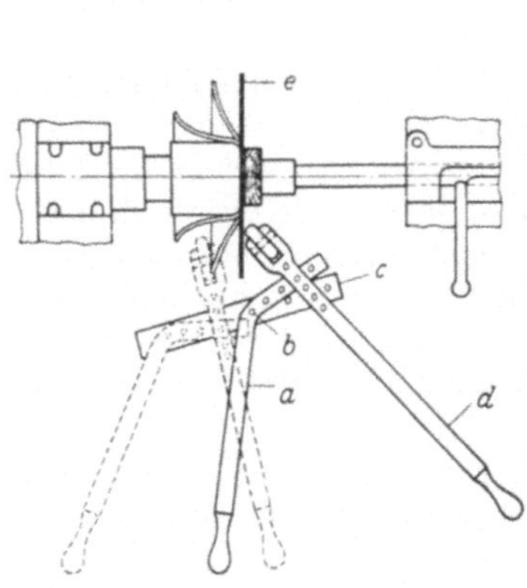
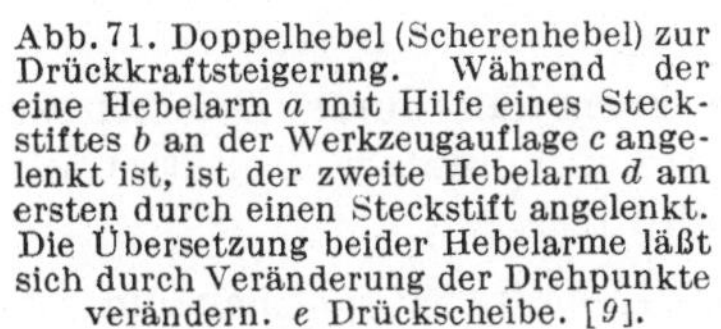
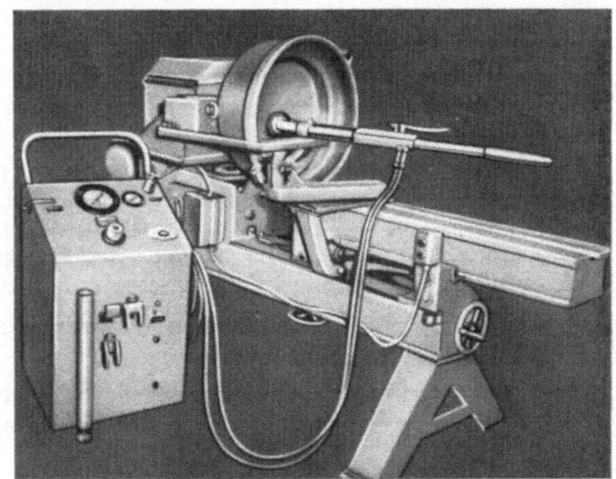

Abb. 71. Doppelhebel (Scherenhebel) zur Drückkraftsteigerung. Während der eine Hebelarm *a* mit Hilfe eines Steckstiftes *b* an der Werkzeugauflage *c* angelenkt ist, ist der zweite Hebelarm *d* am ersten durch einen Steckstift angelenkt. Die Übersetzung beider Hebelarme läßt sich durch Veränderung der Drehpunkte verändern. *e* Drückscheibe. [9].

Abb. 72. Drückstab mit unter hydraulischem Druck stehendem Drückwerkzeug. Der als Druckzylinder ausgebildete Schaft wird in einem Steckstift der Werkzeugauflage eingehängt, so daß dieser den Drückwiderstand aufnimmt, der bei der Umformung durch das auf dem unter hydraulischem Druck stehenden Rollwerkzeug entsteht. Der Umformdruck und die Vorschubbewegung des Werkzeuges sind durch ein am Werkzeugschaft angebautes Ventil zu steuern. (Machine Moderne.)

Drücker begrenzt. Es ist nämlich möglich, zwei Drücker derart zusammenwirken zu lassen, daß der eine die radiale Drückkraft übernimmt, so daß dem anderen nur die Steuerung des Drückwerkzeugs und die Ausübung des axialen Drucks verbleibt. Wenn die Erfahrung auch bewiesen hat, daß die zwei Drücker sich gut aufeinander einspielen, so wird man diese Möglichkeit der Erweiterung der Drückleistung nach Möglichkeit doch vermeiden, wenn die angestrebte Erweiterung der Drückumformung mit Vorrichtungen zu erreichen ist, die von einem Drücker bedient werden.

Eine derartige Vorrichtung ist ein Doppelhebel nach Abb. 71, von denen der eine Hebel *a* durch einen Anschlagstift *b* auf der Werkzeugauflage *c* der Drückbank drehbar gelagert ist und den zweiten Hebel *d* ebenfalls drehbar trägt. Der Hebel *a* übernimmt als Stützhebel die radiale Zustellung, während mit dem Hebel *d* eine Schwenkbewegung und mit dieser die axiale Umformung vorgenommen wird.

Durch Wahl der Drehpunkte, die durch die verschiedenen Löcher in den Hebelarmen ermöglicht wird, lassen sich die Längen der Hebelarme und mit ihnen die Drückkräfte verändern und der Schwierigkeit der Umformung angleichen. Als Drückwerkzeuge lassen sich sowohl Stabwerkzeuge als auch Rollenwerkzeuge verwenden. Letzteren ist der Vorzug zu geben.

Die Verwendung der scherenartigen Vorrichtung erfordert eine längere Übung, da der Drücker mit den beiden Armen zwei verschiedene aufeinander abgestimmte Bewegungen ausüben muß. Einfacher ist die Handhabung des Werkzeugs nach Abb. 72, bei dem der radiale Druck hydraulisch ausgeübt wird und das dem Drücker beide Hände freiläßt, so daß er in der Lage ist, die Drückbewegung in der gewohnten Weise auszuführen. Der Muskelkraft bleibt nur der Axialdruck übrig, der mit der Axialbewegung ausgeübt wird.

Der Doppelhebel und das hydraulische Drückwerkzeug stellen einen Übergang zur Steigerung der Drückleistung mit Hilfe des, gegebenenfalls unter hydraulischem Druck stehenden, Kreuzschlittens vor, dessen Vorzüge schon besprochen worden sind.

b) Einrichtung zur Weiterbearbeitung gedrückter Gefäße. Wenn gedrückte Gefäße, wie z. B. Kochtöpfe für elektrische Kochplatten, die einen vollkommen ebenen Boden haben müssen, wie er nur durch spanabhebende Bearbeitung erreicht werden kann, weiter bearbeitet werden müssen, kann die Beschaffung einer Drehbank dadurch vermieden werden, daß man auf die Drückbank einen Schlitten mit selbsttätigem Planzug setzt. Ist die Drückbank über ein hydraulisches Getriebe angetrieben, empfiehlt es sich, dieses durch den Planzug steuern zu lassen, so daß die Planzugarbeit mit gleichbleibender Schnittgeschwindigkeit abläuft.

Aber nicht nur Planzugarbeiten, sondern auch beliebige andere Dreharbeiten, insbesondere die Bearbeitung von Drückfuttern aus Holz oder Metall, lassen sich auf den Drückbänken ausführen.

c) Ovalwerke. Als Sonder-Einrichtungen der Drückbänke zur Erweiterung ihres Leistungsbereiches sind auch die früher schon besprochenen Ovalwerke anzusehen.

D. Drückfutter.

Die Drückfutter bestimmen die geometrische Form des durch Drücken zu erstellenden Gefäßes; sie sind einzuteilen in 3 Gruppen, in Vollfutter, Teilfutter und Walzenfutter. Den größten Anteil haben die Vollfutter.

37. Vollfutter. Vollfutter sind Außenfutter oder Innenfutter, je nachdem das Blech bei der Umformung von außen oder von innen her an die Drückform, das Futter, angelegt wird.

a) Außenfutter. Bei Außenfuttern nach Abb. 5 muß die Form genau der Innenform des zu erstellenden Gefäßes entsprechen. Wenn die Form verwickelt ist, empfiehlt es sich, für die Form eine Schablone zu fertigen und das Futter nach dieser zu drehen.

Außenfutter werden wie alle Drückfutter auf der Drückbankspindel befestigt, je nach Bauart der Spindel durch Aufschrauben oder durch Aufsetzen auf einen Kegelansatz. Wird das Drückfutter nur aufgeschraubt, dann wird es in seiner Stellung durch einen geteilten Ring gesichert, der nach Abb. 73a einerseits in eine Nut des Futters und andererseits in eine Nut der Spindel eingreift. Die Ringhälften werden durch Schrauben zusammengehalten, so daß das Futter sich während der Drückumformung nicht von der Spindel lösen kann. Eine Sicherung durch Gegenflansch zeigt Abb. 73b.

Außenfutter können Fertigfutter und Zwischenfutter sein. Während für jede Fertigform ein entsprechendes Fertigfutter gebraucht wird, können Zwischenfutter die bei Stufenarbeit gebraucht werden, für verschiedene Fertigformen, also allgemeiner, verwendet werden.

In bestimmten Fällen können Außenfutter auch Hohlfutter sein, so bei der Ausbildung von Flach- und Rollrändern an gedrückten und gezogenen Gefäßen. Bei gedrückten Gefäßen kann der Flachrand mit einem einfachen Außenfutter

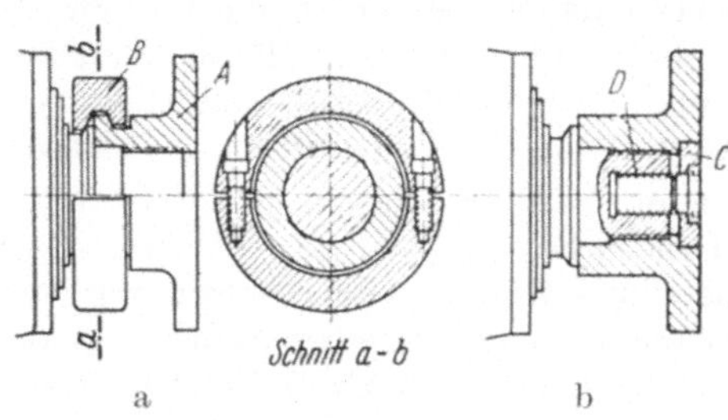

Abb. 73 a u. b. a Sicherungsring, der ein ungewolltes Lösen des Drückfutters von der Hauptspindel verhindert. b Sicherung durch besondere, mittig angeordnete Schraube (Leifeld). A Futter, B zweiteiliger Sicherungsring, C Gegenflansch, D Sicherungsschraube.

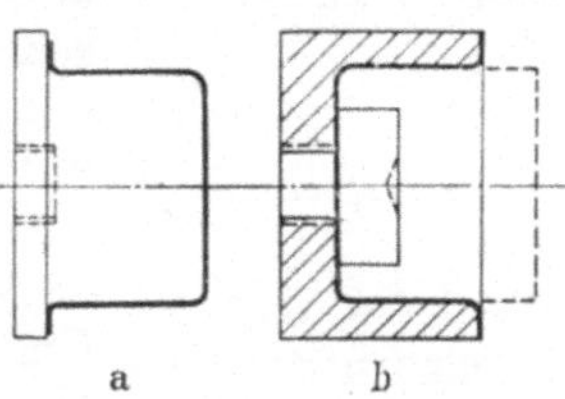

Abb. 74a u. b. Drückfutter zur Ausbildung von Flachrändern. a Futter zur Ausbildung eines Außenflachrandes in Verbindung mit der Gefäßbildung, wenn keine besondere Genauigkeit erforderlich ist, b Umformung eines Gefäßrandes zum Außenflachrand mit Innenfutter, wenn hohe Maßgenauigkeit verlangt wird, oder zur Ausbildung eines Innenrandes, wenn dieser frei geformt werden kann. Nur zulässig, wenn unerhebliche Abweichungen von der Normstellung ohne Nachteil sind.

nach Abb. 74a in Verbindung mit der Drückumformung ausgebildet werden, wenn der Rand nicht genau rechtwinklig zur Achse stehen muß. Andernfalls, und auch bei gezogenen Gefäßen muß, das Drückfutter nach Abb. 74b innen ausgedreht werden, um das Werkstück aufnehmen zu können, so daß der Gefäßrand zur Ausbildung des Flachrandes um die Öffnung des Futters umgelegt werden kann. Da die Umformung des Blechs von innen her eingeleitet wird, ist dieses Futter schon als Innenfutter anzusprechen; die gleiche Umformung kann also mit einem Außen- und einem Innenfutter vorgenommen werden.

b) Innenfutter. Innenfutter (Abb. 75) müssen dann benützt werden, wenn die Außenform eines

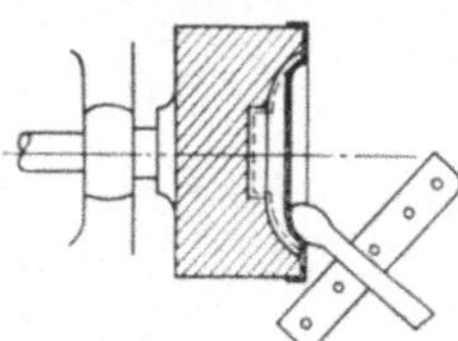

Abb. 75. Innenfutter. Dient sowohl zur Erhöhung der Genauigkeit der Außenmaße, als auch zur Hochwölbung des Gefäßbodens.

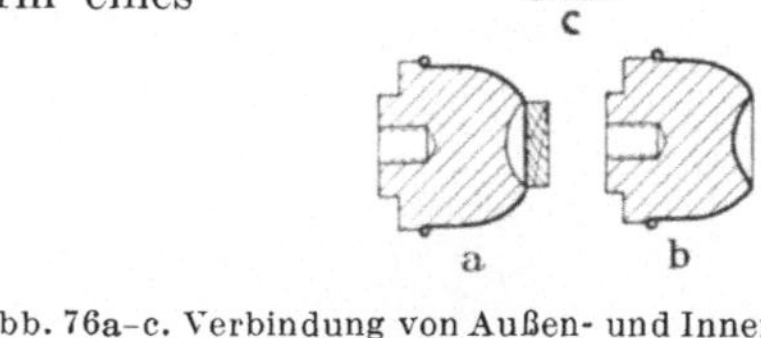

Abb. 76a–c. Verbindung von Außen- und Innenfutter. Möglich, wenn die Hochwölbung des Gefäßbodens so seicht ist, daß die durch sie bedingte Flächenvergrößerung durch Strecken des Blechs errreicht werden kann. a Herstellen der Außenform, b Hochwölben des Bodens, c fertiges Gefäß.

Gefäßes ganz genau eingehalten werden muß. Da beim Drücken die Wanddicke nicht genau eingehalten werden kann, muß diese ausgeschaltet werden, wenn die Außenform genau werden soll, und dies wird nur erreicht, wenn das Blech zur Ausbildung der Fertigform von innen an die Form herangeführt wird. Wenn zur Ausbildung nur ein Drückvorgang erforderlich ist, wird nach Abb. 75 zweckmäßig ein Teil der Drückscheibe vor Beginn der eigentlichen Umformung um das Futter umgelegt, um der Drückscheibe den für die Umformung erforderlichen Halt zu geben, gleich, ob es sich um eine gewölbte Fertigform oder um eine kegelstumpfförmige handelt.

Innenfutter sind auch die Futter zur Hochwölbung und Formung von Gefäß-böden (Abb. 76a). Dabei kann Außenformung und Innenformung verbunden werden, ein Außenfutter gleichzeitig Innenfutter sein. In diesem Fall wird nach Abb. 76a zuerst die Außenform hergestellt und anschließend nach Abb. 76b der Boden des Gefäßes hochgewölbt.

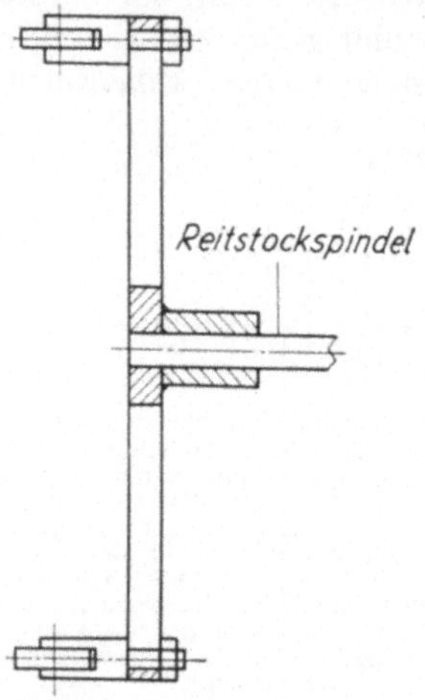

Die Oberfläche der mit Innenfutter gedrückten Gefäße ist glatter als die Oberfläche der mit Außenfuttern gedrückten Gefäße, da bei den ersten die Drückwerkzeuge nur auf der nicht sichtbaren Fläche angreifen. Aus diesem Grund kann das Aussehen, das angestrebt werden muß, zur Wahl von Innenfuttern bestimmen.

Will man bei der Verwendung von Innenfuttern das Umlegen des Drückscheibenrandes zur Sicherung der Drückscheibenstellung während der Umformung vermeiden und ist die Verwendung eines Andrückers der Größe der Drückscheibe und der Größe der Drückform wegen nicht sicher und zuverlässig genug, weil der Andrücker nur einen kleinen Bereich der Drückscheibe erfassen könnte, kann die Drückscheibe auch durch Rollen festgehalten werden, die an einem auf der Reitstockspindel befestigten Träger gelagert werden, der so lang (Abb. 77) und so gestellt sein muß, daß er die Bewegung des Drückwerkzeugs nicht behindert.

Abb. 77. Andrücker in Sonderform. Er überbrückt den Bewegungsraum des Drückwerkzeugs, beeinträchtigt also die Umformung nicht.

38. Teilfutter. Wenn der Rand vorgeformter Gefäße nach Abb. 31b zu einem Innenbord umgeformt werden soll, dann kann dies zwar mit einem Futter nach Abb. 74b geschehen, wenn der Rand frei gebogen wird. Die freie Umformung durch Drücken ist aber ungenau und deshalb in den wenigsten Fällen möglich. Die ausreichende Genauigkeit wird meist nur durch die Anlage an ein Futter gewährleistet. Dieses Futter kann aber nicht mehr ein Vollfutter sein, da es die Wegnahme des gedrückten Gefäßes

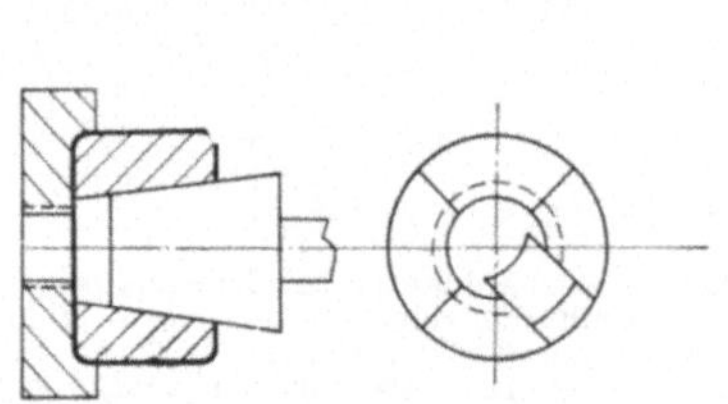

Abb. 78. Teilfutter zur Ausbildung eines genauen Innenrandes.

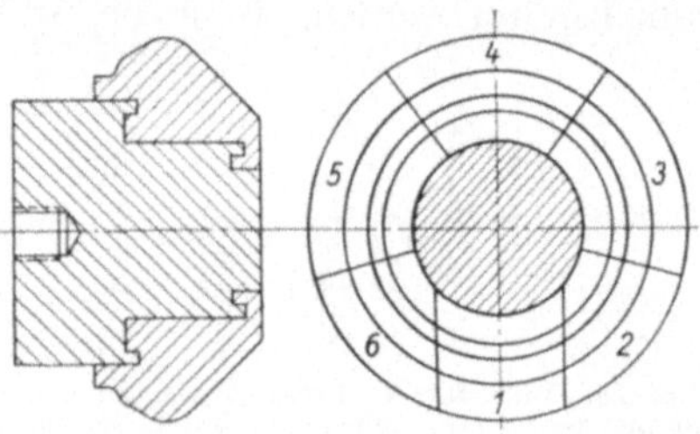

Abb. 79. Einfache Bauart eines Teilfutters zur Ausbildung eines Innenrandes in Verbindung mit einer Einzieharbeit.

verhindern würde; es muß zerlegbar gemacht werden, so daß es nach Abb. 78 aus einem festen Kern besteht, um den herum ein aus Segmenten zusammengesetzter Ring gelegt wird. Dabei muß ein Segment gegenüber den Nachbarsegmenten so abgetrennt sein, daß es sich leicht nach innen schieben läßt, wenn das Werkstück mit dem Formring vom Kern abgenommen worden ist. Ist das erste Segment des Ringes entnommen, so lassen sich auch die übrigen Segmente des Futterringes aus dem Gefäß entnehmen.

Wie die Ausbildung des Innenrandes mit Hilfe des Teilfutters, lassen sich die verschiedensten Einzieharbeiten nach Abb. 41, d. h. Verjüngungen von Gefäßen vom Boden zur Öffnung ausführen, solange die Durchmesserverringerung kleiner als 50% bleibt, der Futterkern also groß genug gemacht werden kann, um den Raum zur Herausnahme des ersten Segments zu sichern. Dieser Raum bestimmt die Größe des ersten Segments, das entnommen werden soll, der Raum nach Entnahme des ersten Segments die Abmessung des Nachbarsegments und so weiter. Die Teilung des Ringfutters, dessen Stellung im Kern durch Nuten nach Abb. 79 radial und axial festgelegt wird, ist bei verwickelten Formen schwierig und sorgfältig festzulegen. Zur Erleichterung der Zerlegung und des Zusammenbaus werden die einzelnen Segmente in der Reihenfolge, in der sie entnommen werden sollen, mit Nummern versehen, wobei dem Segment, das zuerst entnommen wird, die Nummer 1 gegeben wird. Der Zusammenbau erfolgt in der umgekehrten Reihenfolge wie die Zerlegung.

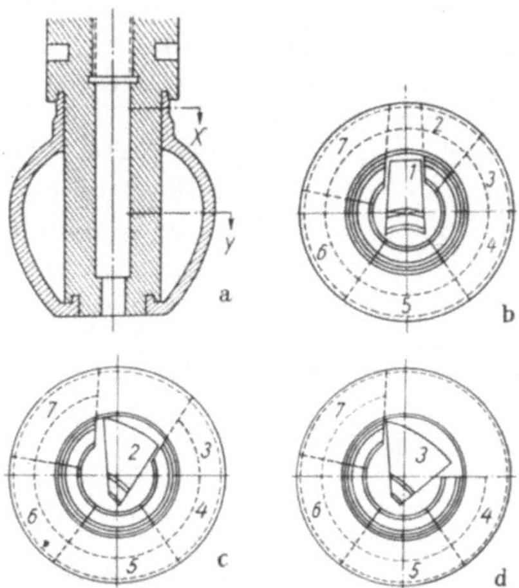

Abb. 80a. Teilfutter in Ringform. Segmente aus einem gußeisernen Hohlkörper ausgearbeitet. *a* Futter zusammengebaut, *b* Schlußsegment 1 nach innen geschoben, um die Zerlegung einzuleiten, *c* und *d* weitere Zerlegungsstufen, die zeigen, wie der Entwurf von Teilfuttern erfolgen muß. [9].

Während der Umformung sichert der übliche einfache Andrücker die Stellung des Drückfutters gegen ungewollte Verschiebung. Die Segmente können aus einem vollen Körper (Abb. 79) oder aus einem Hohlkörper (Abb. 80a und b) herausgearbeitet werden. Letztere werden vorgezogen, wenn es sich um große Gefäße handelt, um

Abb. 80b. Ausgeführte Teilfutter für übliche Einziehformen. (*Th. Dahlmann.*)

an Gewicht zu sparen und die umlaufenden Massen zu verringern.

39. Walzenfutter. Teilfutter sind schwierig herzustellen und erfordern einen beträchtlichen Aufwand an Fertigungszeit. Deswegen wird an Stelle der Teilfutter, wo immer es möglich ist, ein Walzenfutter verwendet und nicht selten statt einer Einzieharbeit eine Ausbaucharbeit, d. h. eine Vergrößerung des Durchmessers, vorgenommen, oder die Einzieharbeit mit einer Ausbaucharbeit verbunden.

a) Walzenfutter für Einzieharbeiten. Da die Umformung durch Drücken praktisch nur punktförmig vorgenommen wird, kann für Umformarbeiten, insbesondere für Einzieharbeiten, statt der geschlossenen, der Innenform des zu erstellenden Gefäßes entsprechenden Form, eine andere Form gewählt werden, z. B. eine Schablone, die einer Mantellinie des zu erstellenden Gefäßes entspricht, denn sie würde die punktförmige Anlage des Bleches zur richtigen Form zulassen. Dieser Weg wird bei der Ausbildung von Kesselböden mit der Portaldrückbank nach Abb. 61 beschritten. Mit Rücksicht auf die große Reibung, die die starre Schablone verursacht, wählt man bei dünnen Blechen an ihrer Stelle zweckmäßig eine Form-rolle (Abb. 81), deren größter Durchmesser kleiner sein muß als der Öffnungs-durchmesser des Gefäßes, deren Form aber so beschaffen sein muß, daß sie mit dem fertig geformten Gefäß eine Mantellinie gemeinsam haben kann. Gegen diese gemeinsame Mantellinie wird der Mantel des vorgeformten Gefäßes, wenn nötig, in Stufen angelegt.

Die Anwendung von Walzenfuttern für Einzieharbeiten ist auf Verjüngungen beschränkt, bei denen die Durchmesserverringerung kleiner als 50% des größten Gefäßdurchmessers ist, so daß der Öffnungsdurchmesser $\geqq \frac{1}{2}$ des größten Gefäß-durchmessers wird, d. h. der größte Durchmesser des Walzenfutters darf höchstens gleich dem Öffnungsdurchmesser des Gefäßes werden.

Das Walzenfutter wird (Abb. 82) durch einen auf der Reitstockspindel be-festigten Arm gehalten und so unter die Gefäßachse gestellt, daß das Blech bei der üblichen Haltung des Drückwerkzeugs in der Verbindungsebene von Walzenachse und Gefäßachse gegen das Walzenfutter herangeführt wird. Die entsprechende

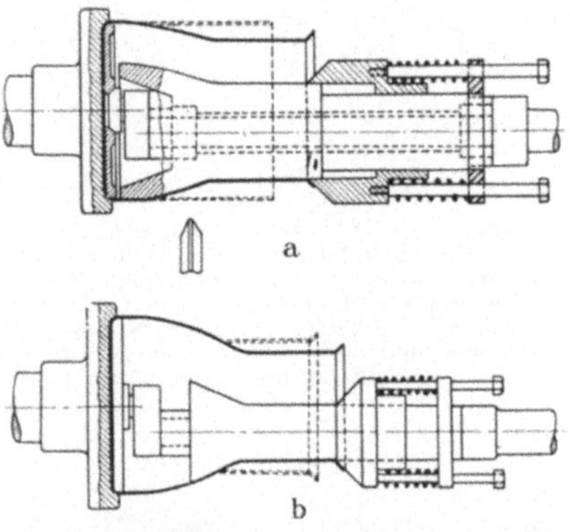

Abb. 81. Walzenfutter für Einziehumformung.
a erste Einziehstufe, *b* zweite Einziehstufe (Fertigformung.) [*11*].

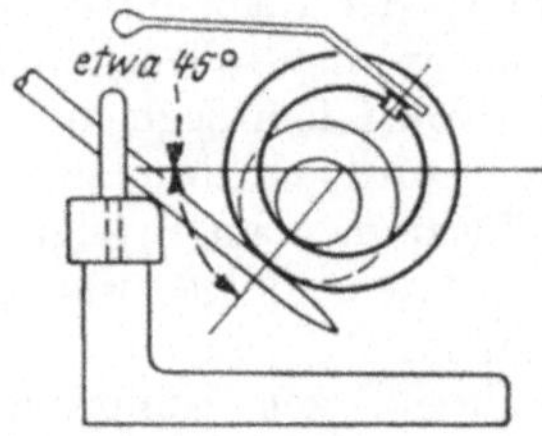

Abb. 82. Beim Drückverfahren wird das Walzenfutter zum Einziehen so gestellt, daß der Drückstahl unter etwa 45° zum Angriff kommt.

Stellung des Drückwerkzeugs muß sorgfältig eingehalten werden, damit keine Abweichung von der richtigen Form entstehen kann, die möglich wird, wenn unter-halb oder oberhalb der Verbindungsebene der Achsen angesetzt wird.

Der Lagerzapfen, auf dem die Walzenfutter auf Wälzlagern gelagert sind, trägt einen Arm, der zur Mitte führt und der den Andrücker trägt, so daß dieser mittig gegen den Gefäßboden angesetzt werden kann (Abb. 83).

Walzenfutter können wie alle Fertigfutter die verschiedensten Formen haben und müssen für jede Gefäßform besonders ausgebildet und geschaffen werden. Als reine Drehkörper, die nur einen Teil des Gefäßinhaltes ausmachen, sind sie einfacher und mit erheblich geringerem Aufwand herzustellen als Teilfutter.

b) Walzenfutter für Ausbaucharbeiten. Wie früher schon gezeigt worden ist, lassen sich Ausbaucharbeiten durch geeignete Vorformung des Gefäßes leicht auf reine Einzieharbeiten zurückführen, insbesondere wenn die Vorformung durch Drücken vorgenommen wird. Bei Vorformen, die durch Tiefziehen erstellt werden, ist die einfache Ausbildung der Endform, bei der der Gefäßdurchmesser vom Boden ab größer werden muß, oft nicht möglich, so daß ein besonderer Arbeitsvorgang zur Gefäßerweiterung, also eine Ausbaucharbeit, vorgesehen werden muß. Dabei kann es sich um eine reine Ausbaucharbeit (Abb. 83) handeln, oder es kann nach Abb. 84 die Endformung in eine Ausbaucharbeit und eine Einzieharbeit aufge-teilt werden, damit der Grad beider Umformungen klein gehalten wird.

Für Ausbaucharbeiten wird das Walzenfutter von einem Hilfsschlitten getragen, der neben den Kreuzschlitten gesetzt wird. Das Drückwerkzeug wird von innen gegen das Walzenfutter vorgeschoben und so der Mantel des vorgeformten Gefäßes gegen das Walzenfutter angelegt.

Um für das Drückwerkzeug genügend Platz zu gewinnen, wird (Abb. 83b) auf der Reitstockspindel eine gekröpfte Druckstange befestigt, die den Andrücker trägt.

Ausbaucharbeiten sind grundsätzlich auch mit Innenfuttern möglich, die als Teilfutter ausgebildet sind. Die Teilung in Segmente macht weniger Mühe als bei

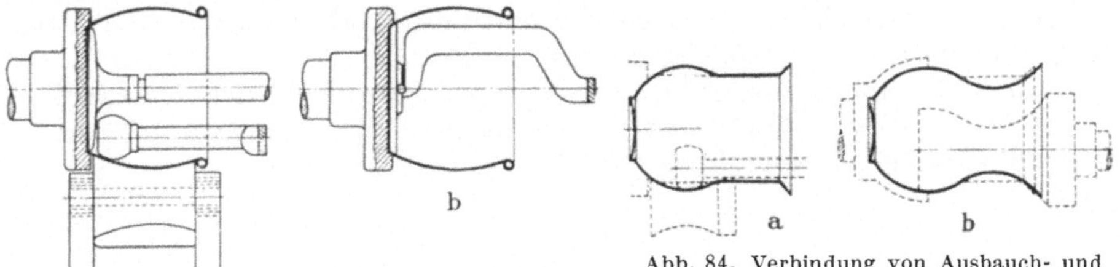

Abb. 83. Walzenfutter für reine Ausbauchformung. [11].

Abb. 84. Verbindung von Ausbauch- und Einziehformung. *a* Teilformung durch Ausbauchen, *b* Teil- und Fertigformung durch Einziehen.

Außenfutter, denn die Segmente, die von einer zylindrischen Hohlform aufgenommen werden, können einfach geteilt werden. Es genügt sogar die Aufteilung der Form in zwei Hälften. Dennoch wird auf die Verwendung von Innenteilfuttern der hohen Herstellkosten und des außerordentlichen Werkstoffaufwands wegen verzichtet und werden Ausbauchungen nur mit Walzenfuttern vorgenommen.

40. Die Werkstoffe zur Anfertigung von Drückfuttern. Da Umformungen im Drückverfahren meist nur in kleinen Serien vorgenommen werden, brauchen die Drückfutter meist keine große Lebensdauer zu haben; sie werden daher bevorzugt aus weichen Werkstoffen hergestellt, die sich leicht bearbeiten lassen, insbesondere aus gut getrocknetem Hartholz: Ahorn, Buche, Birke, Buchsbaum oder Eiche. Formen aus Holz lassen sich auch leicht berichtigen oder umarbeiten. Die Bearbeitung ist so leicht, daß sie ohne Schwierigkeit auf den Drückbänken selbst vorgenommen und sogar dem Drücker überlassen werden kann.

Sind die Werkstückformen groß, so werden sie aus Segmenten zusammengesetzt, verschraubt oder verleimt. Eine beliebige Futterhöhe wird durch Schichtung erreicht, zu der 20 bis 25 mm dicke Abschnitte von Brettern genommen werden. die im Kreuzverband zusammen verleimt werden. Die Querverleimung erhöht die Formbeständigkeit der Futter bei Temperatur- und Feuchtigkeitsschwankungen, die durch mehrmaliges Tränken des Futters in Öl zur Feuchtigkeitsabweisung und geeignete Lagerung verbessert werden kann.

Holzfutter sind als Vor- und Zwischenfutter immer brauchbar. Als Fertigfutter genügen sie, wenn für die Endform kleine Abweichungen zugelassen werden, können. Da Holzfutter nachgiebig sind, gleichen sie die Rückfederung des Blechs nach der Umformung weitgehend aus, so daß die Maßabweichungen gewöhnlich in einem erträglichen Rahmen bleiben.

Wird aber eine hohe Lebensdauer der Futter oder eine besonders hohe Arbeitsgenauigkeit, oder wird beides gefordert, dann genügen Holzfutter nicht, sondern es müssen Futter aus Metall genommen werden. Als Metalle werden entweder Nichteisenmetalle genommen, bevorzugt leicht schmelzbare, wie Zink und Zinklegierungen (Zamak) oder Leichtmetalle, Aluminium und Aluminium-Legierungen. Diese Metalle können leicht im eigenen Betrieb gegossen werden in Formen, die mit einfachen Holzmodellen oder mit Schablonen hergestellt worden sind.

Haltbarer sind Futter aus Gußeisen oder aus Stahl, Baustahl oder Vergütungsstahl für Einsatzhärtung, wenn die Oberfläche besonders hart werden soll.

Teilfutter sind, von wenigen Ausnahmen abgesehen, in denen Hartholz verwendet wird, immer aus Gußeisen oder aus Stahl, da die Segmente genau zusammenpassen müssen und ihre Form weder durch atmosphärische Verhältnisse, noch durch den Gebrauch verlieren dürfen. Diese Forderung rechtfertigt die Verwendung des festeren Werkstoffs, da die Herstellzeit für ein Teilfutter auf jeden Fall immer eine verhältnismäßig lange ist, so daß der Anteil der Werkstoffkosten an den Herstellkosten klein und von untergeordneter Bedeutung ist.

Auch Walzenfutter werden ausschließlich aus Gußeisen oder aus Stahl gefertigt, da sie stärker beansprucht werden als gewöhnliche Außenfutter und der Werkstoffaufwand nicht groß ist.

V. Das Planen der Drückarbeit.

A. Die Zuschnittsermittlung.

Außer der Auswahl des Werkstoffs, der gewöhnlich durch die Zweckbestimmung des Werkstücks gegeben ist, muß bei der Planung der Drückarbeit der voraussichtliche Werkstoffbedarf errechnet und die Arbeitsfolge festgelegt werden. Bei letzterer wird entschieden werden müssen, ob das Werkstück aus einem Stück nahtlos oder aus Teilstücken gefertigt werden soll, die auf geeignete Weise miteinander verbunden werden. Da die Einzelteile durch Drückarbeit gefertigt werden müssen, werden sich die weiteren Betrachtungen auf die Fertigung nahtloser Gefäße beschränken können, da die Fertigung aus Teilen daraus ohne Schwierigkeit abgeleitet werden kann.

41. Die Ermittlung des Werkstoffbedarfs. a) Bei Bestimmung der Scheibengröße für zylindrische Gefäße wird im allgemeinen angenommen, daß die Oberfläche der Scheibe während der Umformung erhalten bleibt, d. h. daß die Oberflächen des Werkstücks und die Oberfläche der Drückscheibe gleich groß sind. Die Annahme der Oberflächengleichheit ist aber nur bedingt richtig, da bei der Blechumformung die Blechdicke gewöhnlich verringert wird. Die Verringerung der Blechdicke bzw. die ihr entsprechende Oberflächenvergrößerung erreicht selbst bei gewöhnlichem Drücken bis 30 %; sie kann nur bei seichten Gefäßen vernachlässigt bzw. als Beschneidezugabe verwertet werden.

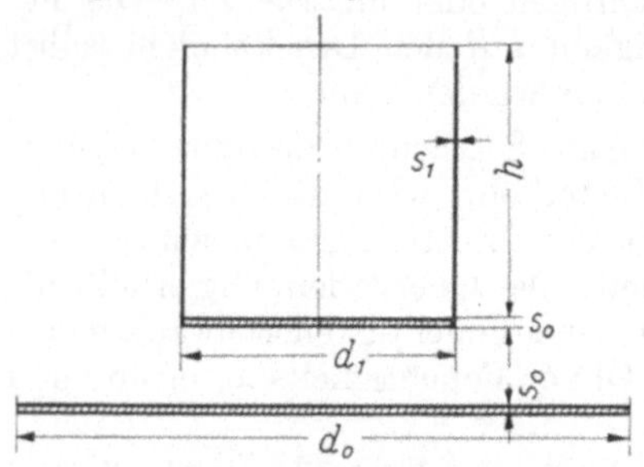

Abb. 85. Zylindrisches Gefäß mit verschiedenen Dicken in Boden und Wand (Wand gestreckt).

Da die Blechstreckung von der Schwierigkeit der Form abhängt, empfiehlt es sich, die Form genau anzusehen und die zu erwartende Blechstreckung abzuschätzen. Es kann dann erforderlichenfalls von vornherein dickeres Blech genommen und die zu erwartende Streckung berücksichtigt werden.

Wird mit Abb. 85 der Durchmesser der Drückscheibe mit d_0 und die Fläche mit F_0 bezeichnet, der Durchmesser des zu erstellenden Gefäßes mit d_1, seine Höhe mit h und seine Oberfläche mit O, dann wird ohne Berücksichtigung einer Blechstreckung sein:

$$F = O \quad \text{oder mit} \quad F = \frac{\pi\, d_0^2}{4} = O,$$

$$d_0 = \sqrt{\frac{4}{\pi}\, O}.$$

Soll die Blechstreckung infolge der Umformung, bei der sich die ursprüngliche Blechdicke s_0 in die Blechdicke s_1 verändert, berücksichtigt werden, so wird mit

$$\beta_s = \frac{s_0}{s_1}.$$

$$d_0 = \sqrt{\frac{4\,O}{\beta_s\,\pi}}.$$

Da bei der Umformung einer Scheibe in ein Gefäß der Bodenteil nicht beansprucht wird, bleibt die Blechdicke in dem entsprechenden Scheibenteil unverändert, so daß die Blechstreckung nur bei dem den Mantel des Gefäßes bildenden Scheibenteil berücksichtigt werden braucht.

Für zylindrische Gefäße ist die Oberfläche O

$$O = \pi \frac{d_1^2}{4} + \pi\, d_1\, h,$$

so daß ohne Berücksichtigung einer Blechstreckung, also bei Flächengleichheit, der Drückscheibendurchmesser d_0 wird

$$d_0 = \sqrt{d_1^2 + 4\,d_1 h},$$

und bei Berücksichtigung der Blechstreckung β_s im Mantelteil

$$d_0 = \sqrt{d_1^2 + \frac{1}{\beta_s}\, 4\, d_1\, h}.$$

Diese Gleichung kann zur Bestimmung des Drückscheibendurchmessers auch genommen werden, wenn die Blechstreckung gewollt ist, wie bei den Kochtöpfen der Abb. 14 und 15, bei denen der Mantel auf der ganzen Länge gestreckt wird. Die rechnerische Bestimmung ist aber auch nicht schwierig, wenn ein Teil des Mantels nicht gestreckt werden soll, oder wenn nach Abb. 60c verschiedene Zonen des Mantels verschiedene Querschnitte bekommen sollen. Sind die Flächen der einzelnen Zonen O_0, O_1, O_2, O_3, ..., dann wird

$$O = O_0 + O_1 + O_2 + O_3 + \cdots + O_n$$

und der Drückscheibendurchmesser d_0 ohne Berücksichtigung einer Blechstreckung

$$d_0 = \sqrt{\frac{4}{\pi}\, (O_0 + O_1 + O_2 + \cdots + O_n)}$$

und mit Berücksichtigung einer Blechstreckung

$$d_0 = \sqrt{\frac{4}{\pi}\left(O_0 + \frac{s_1}{s_0}\, O_1 + \frac{s_2}{s_0}\, O_2 \cdots + \frac{s_n}{s_0}\, O_n\right)}$$

oder mit der Aufteilung und den Bezeichnungen der Abb. 60c

$$d_0 = \sqrt{d_1^2 + \frac{4}{s_0}\, d_1\, [s_1 h_1 + s_2 h_2 + s_3 h_3 + \cdots s_n h_n]}.$$

b) **Bei kegelförmigen Gefäßen** entspricht die Bestimmung der Drückscheibengröße der bei zylindrischen Gefäßen; es ist nur zu beachten, daß zur Bestimmung des Mantelteils der mittlere Durchmesser d_m zwischen Bodendurchmesser und Mündungsdurchmesser genommen wird und statt der Gefäßhöhe h die Länge der Mantellinie l. Damit wird mit den Bezeichnungen der Abb. 15a der Drückscheibendurchmesser

$$d_0 = \sqrt{d_1^2 + 4\, d_m\, l}$$

und bei Berücksichtigung einer Blechstreckung:

$$d_0 = \sqrt{d_1^2 + \frac{1}{\beta_s}\, 4\, d_m\, l,}$$

bzw. bei einem Gefäß nach Abb. 15b mit Flachrand:

$$d_0 = \sqrt{d_1^2 + \frac{s_1}{s_0}\, 4\, d_m\, l + \frac{s_2}{s_0}\, (d_3^2 - d_2^2).}$$

c) Umdrehungshohlgefäße mit beliebig gekrümmter Mantellinie.
Wenn bei der Drückumformung auch die zylindrischen und kegeligen Hohlgefäße überwiegen, sind Hohlgefäße, die aus einer beliebig gekrümmten Mantellinie als Erzeugenden entstehen, recht häufig, so daß der Ermittlung der zu ihnen gehörenden Drückscheiben Beachtung geschenkt werden muß. Die rechnerische Erfassung ist zwar nicht gerade schwierig, weil man die Gefäße in einfache zylindrische Teilformen oder Kreisringabschnitte zerlegen kann, aber sie ist doch so umständlich, daß der Ersatz der rechnerischen Bestimmung durch die zeichnerische empfohlen werden muß.

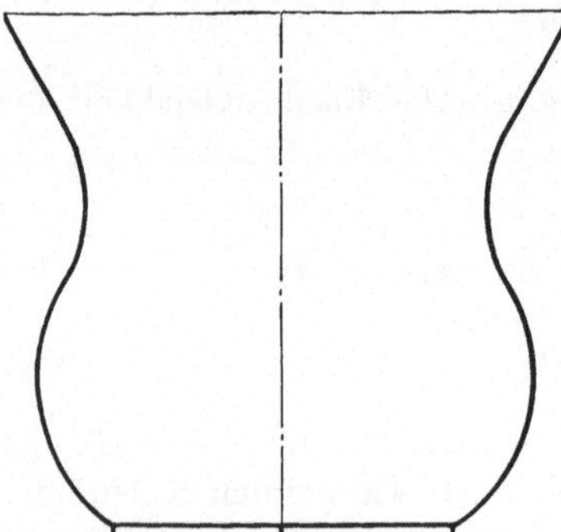

Abb. 86. Umdrehungshohlgefäß mit beliebig geformter erzeugender Mantellinie.

Die zeichnerische Ermittlung der Drückscheibengröße nimmt einerseits die Guldinsche Regel und andererseits das Seileckverfahren zu Hilfe.

Nach der Guldinschen Regel ist der Flächeninhalt O einer (Abb. 86) durch eine geformte Mantellinie von der Länge L durch Umdrehung um eine in ihrer Ebene liegenden Achse erzeugten Umdrehungsfläche bestimmt durch die Gleichung:

$$O = 2\,\pi\,x_0\,L,$$

wenn $x_0 = $ dem Abstand des Linienschwerpunktes von der Umdrehungsachse ist. Wenn die erzeugende Linie von der Länge L sich aus mehreren Teilstrecken von verschiedenen geometrischen Formen zusammensetzt, ergibt sich der Linienschwerpunkt aus der Gleichung:

$$x_0\,L = x_1\,L_1 + x_2\,L_2 + x_3\,L_3$$

$$x_0 = \frac{x_1\,L_1 + x_2\,L_2 + x_3\,L_3}{L},$$

wenn L_1, L_2, L_3 die Längen der Teilstrecken und x_1, x_2, x_3 die Abstände der Schwerpunkte der Teilstrecken von der Umdrehungsachse sind.

Der Schwerpunktsabstand des erzeugenden Linienzugs kann nach dieser Gleichung rechnerisch bestimmt werden; einfacher ist aber die Bestimmung nach dem *Seileckverfahren*. Man zeichnet zunächst die Schwerpunkte der Teilstrecken ein, die bei Kreisbögen (Abb. 87a) über der Bogenmitte liegen in einem Abstand von $^2/_3\,H$ ($H =$ Bogenhöhe) von der Sehne und bei geraden Strecken mit den Streckenmittelpunkten zusammenfallen. Durch die Schwerpunkte werden nach

Abb. 87 b Parallelen zur Umdrehungsachse gezogen, 1, 2, 3, 4, 5 und anschließend auf einer beliebigen Parallelen zur Umdrehungsachse, oder auf dieser selbst, von einem beliebig gewählten Punkt A aus die Einzellängen der Teilstrecken nacheinander mit $A \cdots B$, $B \cdots C$, $\cdots$, $E \cdots F$ abgetragen und die End- bzw. Anfangspunkte $A, B, \ldots F$ der Strecken mit einem außerhalb der Achse gelegenen Richtpunkt P verbunden. Die Verbindungslinien $6, 7 \cdots 11$ bestimmen die Richtungen der Seileckseiten; das Seileck selbst wird durch Parallelen zu ihnen erhalten, die die Schwerpunktslinien schneiden. Der Schnittpunkt S der Parallelen zu 6 und 11 ergibt die Lage der Schwerpunktslinie 12 und ihren Abstand x_0 von der Umdrehungsachse, der zu bestimmen war.

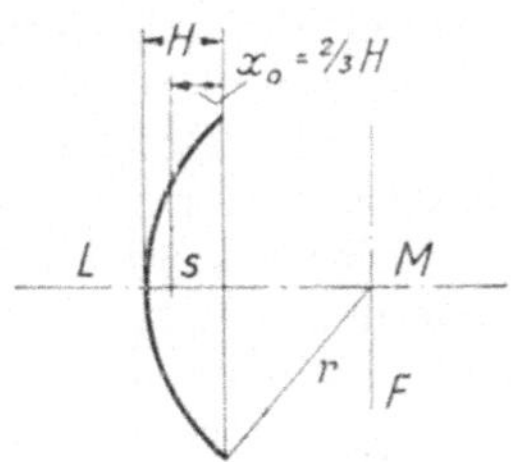

Abb. 87 a. Schwerpunkt eines Kreisbogens mit Halbmesser r, Höhe H und Länge L; x_0 Schwerpunktsabstand von der Sehne.

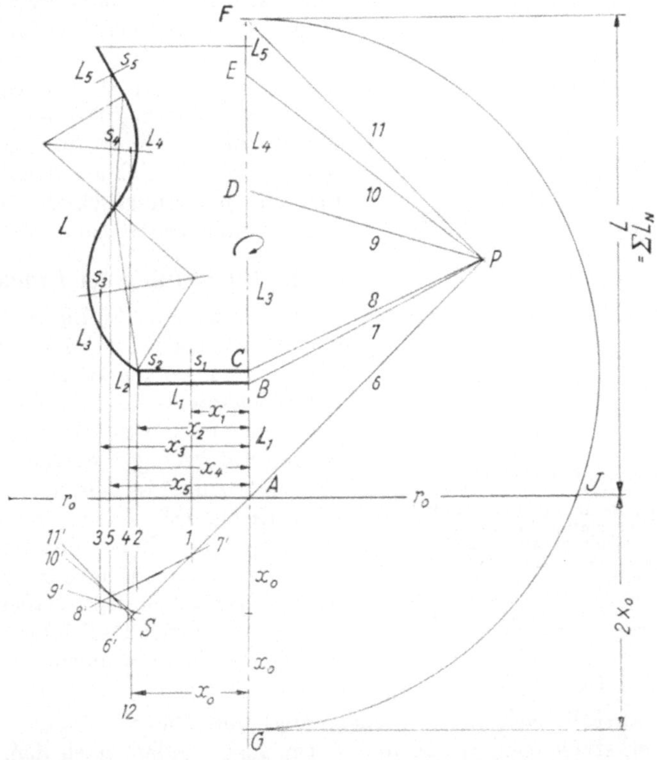

Abb. 87 b. Zeichnerische Zuschnittsermittlung für das Gefäß Abb. 86 durch Zerlegung der Mantellinie in einfache geometrische Abschnitte (Kreisbögen und gerade Strecken) mit bekannten Schwerpunktslagen und Ermittlung des Linienschwerpunkts mit Hilfe des Seileckverfahrens. $L_1, L_2, \ldots, L_n$ Längen der Teilabschnitte; $L = \Sigma L_n$ = Gesamtlänge; $S_1, S_2, \ldots, S_n$ Schwerpunkte der Teilabschnitte; S Gesamtschwerpunkt; $x_1, x_2, \ldots, x_n$ Schwerpunktsabstände der Teilabschnitte; x_0 Abstand des Gesamtschwerpunkts nach dem Seileck; $d_0 = 2 r_0 = 2 \sqrt{2\, x_0\, L}$ = Zuschnittsdurchmesser.

Die Kreisscheibenfläche F ergibt sich nun zu:

$$F = \frac{\pi\, d_0^2}{4} = 2\,\pi\, x_0\, L,$$

so daß mit

$$d_0 = 2\, r_0$$
$$r_0^2 = 2\, x_0\, L.$$

Der Halbmesser der Drückscheibe r_0 ergibt sich demnach, nachdem in Abb. 87 b die Strecke $F \cdots A = L$ um $2\,x_0$ nach G verlängert worden ist, als Höhe AJ im rechtwinkligen Dreieck GJF (GJ und JF sind nicht gezogen!) mit den Hypothenusenabschnitten L und $2\,x_0$.

Die Blechstreckung ist dadurch zu berücksichtigen, daß entsprechend der mutmaßlichen oder gewollten Blechstreckung in den einzelnen Abschnitten die Längen der Teilstrecken im Verhältnis der Blechstreckung bzw. im Verhältnis der Dickenänderung s_1/s_0, s_2/s_0 usw. berichtigt werden, bevor sie abgetragen werden, so daß statt der Länge L_1 die Länge $L_1\,s_1/s_0$, statt der Länge L_2 die Länge $L_2\,s_2/s_0$ abgetragen wird usw.

d) Elliptische Gefäße sind zwar einfache Drückformen und ihre Oberfläche läßt sich leicht errechnen, aber die Zuschnittsform ist keine Kreisscheibe mehr, sondern eine elliptische Scheibe, deren Form sich nicht unmittelbar aus der Bestimmung der Gefäßoberfläche ableiten läßt. Um diese Form zu bestimmen, geht man von Zylindern aus, die Grundflächen mit den Näherungskreisen der Ellipse haben, und bestimmt die elliptische Zuschnittform, die sich aus den Ziehscheiben für die Näherungszylinder ergibt, am besten zeichnerisch nach Abb. 88.

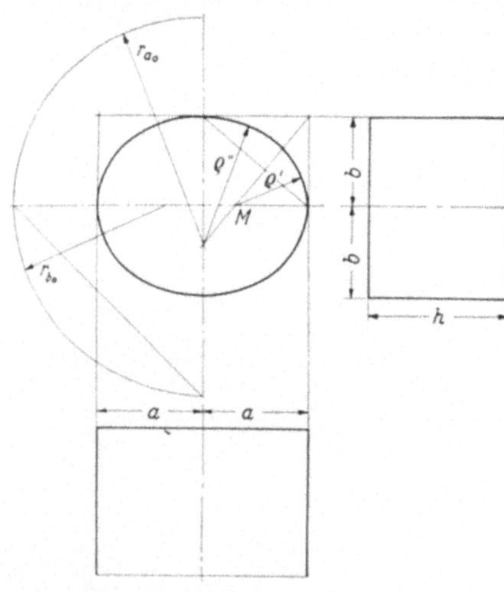

Abb. 88. Zuschnittsermittlung für elliptische Gefäße mit den Halbachsen a und b und der Höhe h. Umweg über die Zuschnittsermittlung für Zylinder mit Grundflächen mit den Halbmessern der Näherungskreise und der Höhe h, bei der sich die Halbmesser r_{a0} und r_{b0} der Zuschnittsscheiben ergeben. Der Übergang von dem einen zum anderen Zuschnittskreis wird mit Hilfe eines Kreisbogens festgelegt, dessen Halbmesser frei gewählt wird.

B. Die Stufung der Drückarbeit.

42. Allgemeine Einflüsse. Die Stufung der Drückarbeit ist nicht einfach festzulegen, da sie weitgehend von der Geschicklichkeit des Drückers abhängt. Ein erfahrener und geschickter Drücker kann häufig mit weniger Stufen auskommen als ein weniger erfahrener oder durchschnittlicher Drücker. Grundsätzlich wird sich empfehlen, lieber eine Drückstufe zu viel vorzusehen, als eine zu wenig, wenn man sicher gehen will. Dabei wird man sich auf die durch die Erfahrung gewonnenen Erkenntnisse stützen.

Bestimmend für die Stufung wirken:

1. der Werkstoff nach Art (Drückeignung) und Dicke,

2. das Werkstück nach Größe und Form, insbesondere nach dem Verhältnis von Höhe zu Durchmesser,

3. die Geschicklichkeit und die Erfahrung des Drückers.

Die Drückeignung der verschiedenen Werkstoffe kann aus Tab. 12 (S. 40) entnommen werden; bei gleichem Werkstoff lassen sich dickere Bleche leichter und stärker umformen als dünne Bleche, da dicke Bleche weniger zu Faltenbildung neigen.

43. Gefäßform und Stufung. Kegelige Formen sind am leichtesten zu drücken, insbesondere wenn die Umformung mit einer Blechschwächung verbunden wird. Ist diese so groß, daß

$$s_1/s_0 = \cos \alpha, \quad (\text{Abb. 15}),$$

dann wird die Umformung zum Walzen und ist in einem Arbeitsgang bis zu beliebiger Höhe auszuführen. Bei kegeligen Formen ist also keine Stufung erforderlich; es werden mit einem Kegelwinkel von 24° in Massen Trichter von 500 mm ⌀ und 350 mm Höhe in einem Arbeitsgang hergestellt.

Werden noch größere Trichter verlangt, so kann es sich empfehlen, sie zur Vereinfachung der Handhabung nach Abb. 89 in Teilen zu drücken und die Teile zusammenzuschweißen.

Ähnlich wie kegelige Gefäße verhalten sich auch Gefäße mit gekrümmter Mantellinie, wenn die Form nicht sehr von einer kegeligen abweicht.

Schwierig sind zylindrische Gefäße zu stufen, bei denen der Umformungsgrad eine Grenze setzt. Dabei wird der Umformungsgrad einmal bestimmt durch das Verhältnis des Drückscheibendurchmessers d_0 zum Gefäßdurchmesser d_1 und zum andern durch das Verhältnis der ursprünglichen Blechdicke s_0 zur fertigen Blechdicke s_1, so daß der gesamte Umformungsgrad β_{ges} sich bestimmt zu:

$$\beta_{\text{ges}} = \frac{d_0 s_0}{d_1 s_1}.$$

Für den Gesamtumformungsgrad lassen sich Erfahrungswerte aus Tab. 16 entnehmen, wenn von Hand gedrückt wird und eine Blechstreckung nicht beabsichtigt ist. Für mechanisches Drücken in Verbindung mit Blechstreckung gibt Tab. 17 Erfahrungswerte.

Die Stufung ist nicht gleichbedeutend mit der Notwendigkeit, das Formänderungsvermögen des Werkstoffs durch eine Glühung wiederherzustellen. Die Glühung wird erst erforderlich, wenn der erreichte Umformungsgrad das Formänderungsvermögen des Werkstoffs vollständig erschöpft hat. Wann, bzw. bei welchem Umformungsgrad, dieser Zustand erreicht ist, kann für verschiedene Werkstoffe aus den Kurven der Abb. 63 entnommen

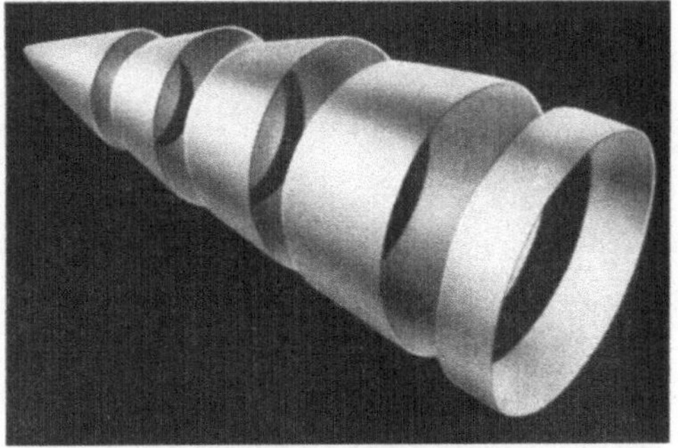

Abb. 89. Kegelige Werkstücke großer Höhe. Zerlegung in Teilformen zur Erleichterung und Beschleunigung der Drückumformung. Verbindung der Teile durch Widerstandsschweißung.

werden. Es genügt, wenn die Erschöpfung des Formänderungsvermögens in einzelnen Zonen erreicht ist.

Tabelle 16. *Höchstens erreichbare Drückverhältnisse bei verschiedenen Werkstoffen ohne Blechstrecken.*

Werkstoff	Drückverhältnisse		Glühen erforderlich nach Gesamtumformung
	1. Stufe $\beta_1 = \dfrac{d_0}{d_1}$	2. und folgende Stufen $\beta_2 = \dfrac{d_1}{d_2}$	$\beta_{ges} = \dfrac{d_0}{d_n}$
Al 99,5	1,55	1,33	nicht erforderlich
Messing und Tiefziehblech . .	1,55	1,33	2,0
Nickel und nichtrostender Stahl .	1,27	1,10	$\leq 1,27$

Wenn man die Änderung der Blecheigenschaft durch die Umformung nicht durch Härteprüfungen verfolgt, wird die Erhöhung der Ausschußgefahr, das Auftreten von Rissen, darauf aufmerksam machen.

Tabelle 17. *Erreichbare Drückverhältnisse beim Umformen mit Blechstrecken.*

| Werkstoff | Drückscheibe | | Topfmaße 1. Stufe | | | Wanddicke | Umformgrad durch Blechstrecken | Umformgrad gesamt | Drückgeschw. | Vorschub je Spindeldreh. |
| | Dicke | Durchmesser | Durchm. d_1 | Drückverh. | Höhe | | | | | |
	mm	mm	mm	$\dfrac{d_0}{d_1}$	mm	mm	$\dfrac{s_0}{s_1}$	$\dfrac{d_0 s_0}{d_1 s_1}$	m/min	mm
Al 99,5	8	240	160	1,5	175	2,0	4,0	6,0	250	0,4
St. V. 23	3,5	340	220	1,55	145	1,2	2,9	4,5	180	0,325
Nichtrost. Stahl .	3,5	280	220	1,27	135	0,8	4,4	5,55	180	0,28

44. Werkstoff und Stufung. Bei manchen Werkstoffen, insbesondere Reinst- und Rein-Aluminium, sowie einer Al-Mn-Legierung braucht auf eine Veränderung der mechanischen Werte keine Rücksicht genommen zu werden. Diese Werkstoffe lassen sich in Stufen beliebig weit umformen. Auch Zinn, Zink und reines Kupfer.

Bei diesen Blechen läßt sich die Stufung für zylindrische Gefäße so vornehmen, daß eine Anzahl konzentrischer Gefäße entsteht, bei denen nach Abb. 90 die Durchmesser d_1, d_2, usw. sich ergeben aus den Beziehungen:

$$d_0 = 1{,}28\, d_1,$$
$$d_2 = 1{,}24\, d_3,$$
$$d_3 = 1{,}24\, d_4,\ \text{usw.}$$

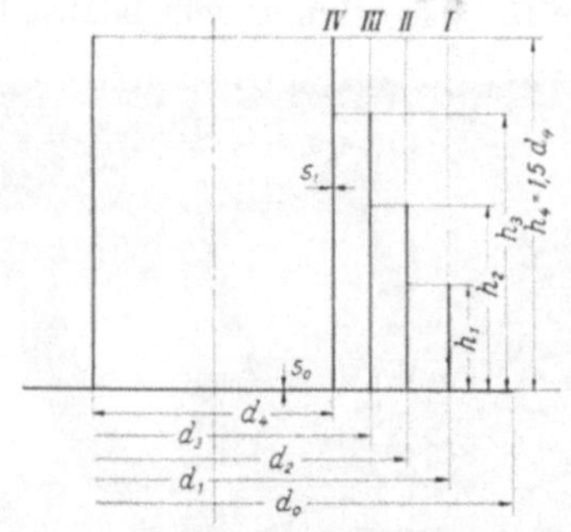

Abb 90. Stufung eines zylindrischen Gefäßes von der Abmessung $h_n/d_n = 1{,}5$ aus der Ziehscheibe vom Durchmesser d_0. Stufung nach Tabelle 16 je nach Werkstoff, hier sind für die Stufen gewählt: $d_3 = 1{,}24\, d_4$, $d_2 = 1{,}24\, d_3$, $d_1 = 1{,}24\, d_2$, $d_0 = 1{,}28\, d_1$.

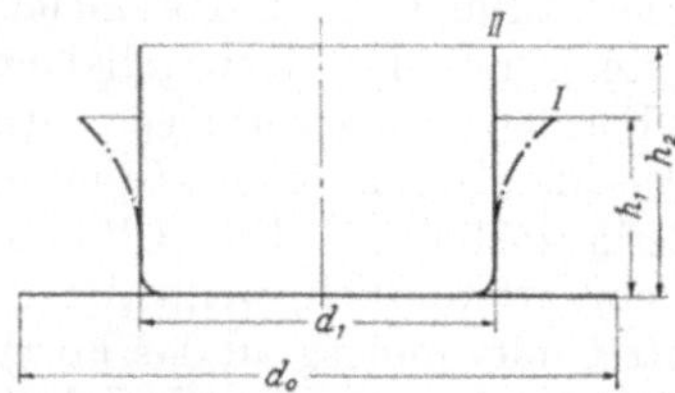

Abb. 91. Zwischenstufung mit Glockenform. auf der Bodenfläche der Fertigform aufgebaut. Bei dünnen Blechen aus festen, schlecht drückfähigen Metallen verringert die Glockenform die Gefahr der Faltenbildung.

Bei festeren, weniger gut drückfähigen Werkstoffen, empfiehlt es sich, Zwischenstufen mit Glockenform (Abb. 91) zu bilden, da die Versteifung, die durch den hochgezogenen Rand erzielt wird, die Neigung zur Faltenbildung verringert. Dabei kann zur Vereinfachung der Aufnahme (Abb. 91) von einer Bodenfläche aus aufgebaut werden, die der fertigen Bodenfläche entspricht, oder es kann (Abb. 92) eine Zwischengröße für den Boden als Übergang zur Endform gewählt werden, wenn deren Durchmesser wesentlich kleiner ist als der Durchmesser der Drückscheibe.

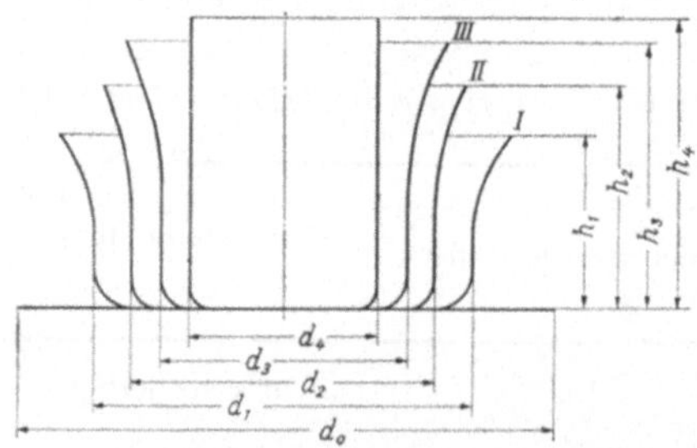

Abb. 92. Zwischenstufen mit Bodenstufung und Durchmesserstufung.

Zur Bestimmung der Zwischenformen in Glockenform kann die Abb. 93 herangezogen werden, die das Verhältnis der Zwischenstufenhöhen h zu dem Durchmesser d der Drückscheibe in Abhängigkeit von dem Verhältnis des Mündungsdurchmessers d_x der Zwischenstufen zum Durchmesser d_0 der Drückscheibe angibt.

Eine allgemeine Orientierung über die Zahl der zur Erstellung eines Gefäßes erforderlichen Drückstufen gibt auch Tab. 18 abhängig von dem Verhältnis Gefäßhöhe/Gefäßdurchmesser für bestimmte Formen, zylindrische, kegelige und gewölbte.

Wenn ein Boden eingewölbt werden muß, ist immer ein besonderer Drückvorgang erforderlich. Dieser kann mit der Hauptformung verbunden werden, wenn die Einwölbung verhältnismäßig seicht ist, wie bei dem Gefäß der Abb. 76. Ist die Einwölbung aber tief, wie bei

Tabelle 18. *Stufenzahl, abhängig von der Gefäßform.*

Höhe h_n	Stufenzahl bei Gefäßform		
Durchm. d_n	zylindrisch	kegelig	bauchig
1,0	1	1	1
1,0—1,5	1—2	1	1
1,5—2,5	2—3	1—2	1—2
2,5—3,5	3—4	2—3	2—3
3,5—4,5	4—5	3—4	3
4,5—6	5—6	4	4

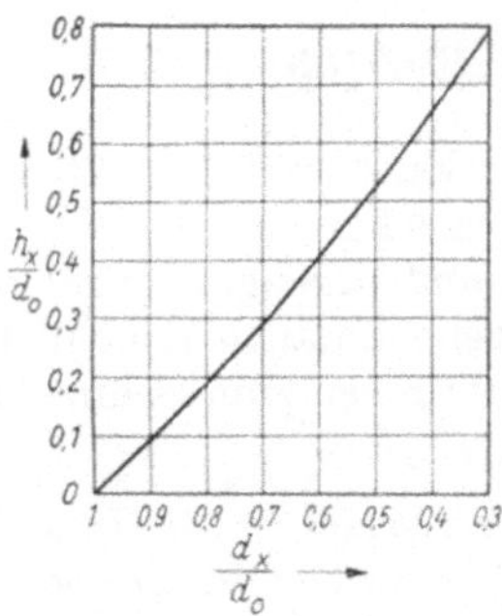

Abb. 93. Zweckmäßige Bemessung der Zwischenstufen in Glockenform.

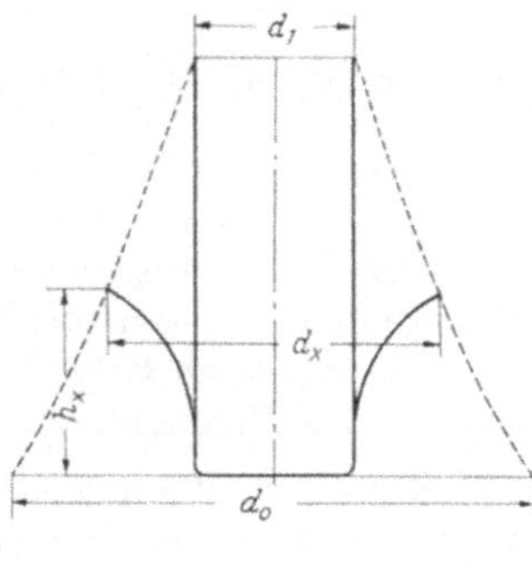

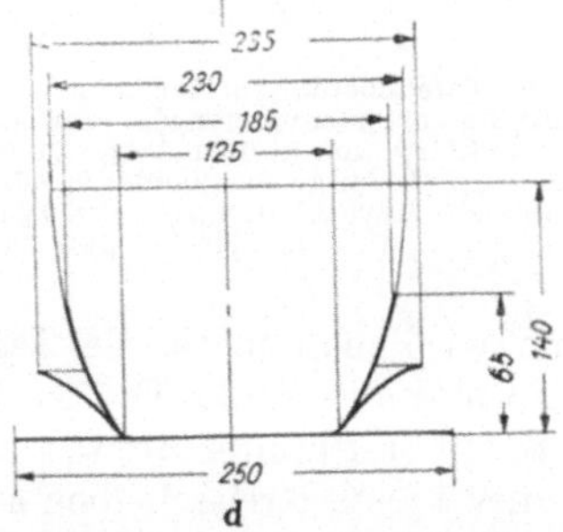

Abb. 94a u. b. Stufung abhängig von der Gefäßform. *a* Vorstufe bei stark hochgewölbtem Gefäßboden zur Ausbildung der Bodenwölbung, *b* Fertigformung des Gefäßmantels.

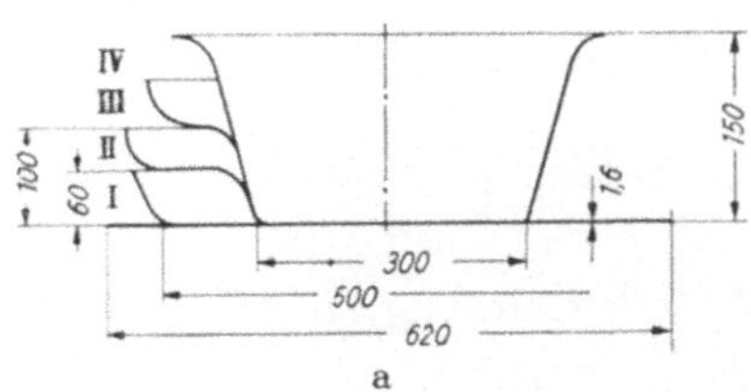

Abb. 95a. Gefäß aus Messingblech von 1,6 mm Dicke, geformt in 4 Drückstufen mit Glühung jeder Zwischenstufe.

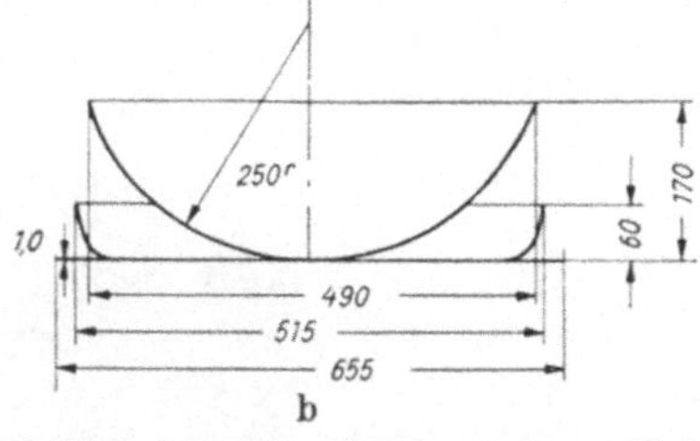

Abb. 95b. Kugeliges Gefäß aus einer AlCuMg-Legierung, geformt in 2 Drückstufen mit einer Glühung.

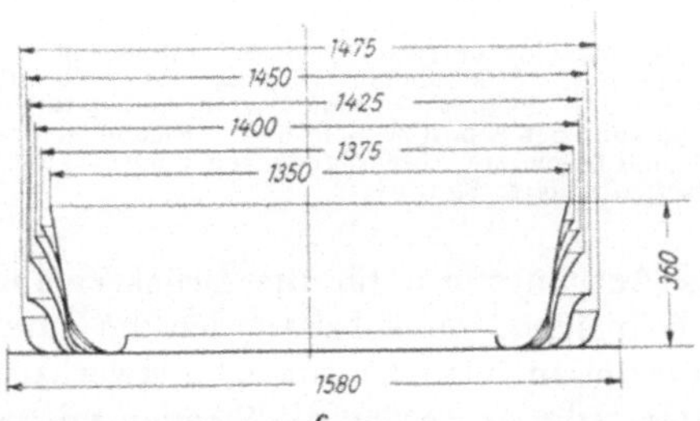

Abb. 95c. Gefäß aus AlMg 3 mit 7 Drückstufen und Glühung jeder Zwischenstufe.

Abb. 95d. Gefäß aus nichtrostendem Stahlblech 3 mm dick, erstellt mit 2 Drückstufen und einer Zwischenglühung.

dem Gefäß der Abb. 94, muß sie als Vorstufe ausgeführt werden nach Abb. 94a, der sich dann die Hauptumformung nach Abb. 94b anschließt.

Wie sich die Richtlinien für die Umformung auswirken, zeigen die Beispiele der Abb. 95. Abb. 95a kennzeichnet die 4 Stufen bei der Erstellung eines Gefäßes aus Messing bei Glühung jeder Zwischenstufe, Abb. 95b die 2 Stufen zur Erstellung eines kugeligen Gefäßes aus einer AlCuMg-Legierung mit einer Glühung nach der ersten Drückstufe, Abb. 95c die Ausbildung eines Gefäßes mit 7 Drückstufen aus AlMg 3 mit Glühungen bei jeder Zwischenstufe und Abb. 95d schließlich die Erstellung eines Gefäßes aus nichtrostendem Stahl mit 2 Drückstufen und einer Zwischenglühung.

Bei schwierigen Gefäßformen läßt sich die Stufung nicht immer mit Sicherheit aus den allgemeinen Richtlinien und den Beispielen ableiten. In solchen Fällen wird nur eine Versuchsarbeit zum angestrebten Erfolg führen.

VI. Hilfseinrichtungen in Drückerei-Betrieben.

Drückereibetriebe werden sich bei ihrer Einrichtung kaum auf Drückbänke allein beschränken, sondern zusätzliche Einrichtungen brauchen, um die Drückscheiben aus den Handelsformen des Blechs ausarbeiten und Erzeugnisse mit der Güte und der Form herstellen zu können, die den sofortigen Gebrauch ermöglicht. Es gehören deshalb zu einem Drückereibetrieb Hilfseinrichtungen zum Schneiden, zum Verbinden und zum Veredeln der Erzeugnisse.

45. Schneideinrichtungen. a) Scheren. Wenn von Kreisscheiben als Handelsform des Bleches ausgegangen werden kann, ist eine Schneidarbeit in Drückereibetrieben nicht erforderlich. Kreisscheiben können aber erst bestellt werden, wenn ihre Größe endgültig ermittelt und festgelegt ist. Wenn dies aber erreicht ist, muß in den meisten Fällen sofort mit der Fertigung begonnen werden können. Aus diesem

Abb. 96. Tafelschere. Auf der ganzen Länge gleichzeitig schneidende parallele Messer ergeben in Verbindung mit einer zuverlässigen Festhaltung des Blechs während des Schneidvorgangs ebene Streifen bzw. Abschnitte von gleichmäßiger genauer Breite bei hoher Leistung. — Eine besondere Verstelleinrichtung der Messer gegeneinander ermöglicht eine Anpassung des Schnittwinkels an die Blechdicke und läßt für Schweißverbindungen Schrägschnitte zu, die eine besondere Abschrägung von Schweißkanten für V-Nähte erübrigt. (*Schleifenbaum & Steinmetz*.)

Grund wird man meist die Tafelform als Ausgangsform für die Drückscheiben wählen und aus ihr die Drückscheiben ausschneiden. Zunächst werden die Tafeln in Streifen bestimmter Breite zerlegt und aus diesen entweder mit Schnittwerkzeug auf einer Presse Kreisscheiben ausgeschnitten, oder es werden die Streifen mit der Schere weiter in Quadrate aufgeteilt, die dann mit einer Kreisschere oder auf der Drückbank rundgeschnitten werden.

Als Scheren werden Tafelscheren nach Abb. 96 und Kreisscheren nach Abb. 97 bevorzugt.

Müssen sehr dicke Bleche verarbeitet werden, wird man die Drückscheiben mit Schneidbrennern autogen ausschneiden, zur Werkstoffersparnis am besten mit Schneidvorrichtungen nach Abb. 98 aus der Tafel oder mit anderen großen Brennschneidemaschinen mit Koordinatenführung und Kreisführung des Brenners.

b) Schneiden mit Schnitten. Wenn größere Serien gleich großer Drückscheiben anfallen, ist das Schneiden mit Scheren allein ungünstig, weil der Werkstoffverbrauch groß ist. Er läßt sich verringern, wenn die Drückscheiben aus den Tafeln unmittelbar mit Schnittwerkzeugen ausgeschnitten werden können, denn dann lassen sich die Scheiben versetzt ausschneiden und man kann nach Abb. 99 eine günstige Tafelaufteilung erreichen. Der Blechverbrauch wird wesentlich klei-

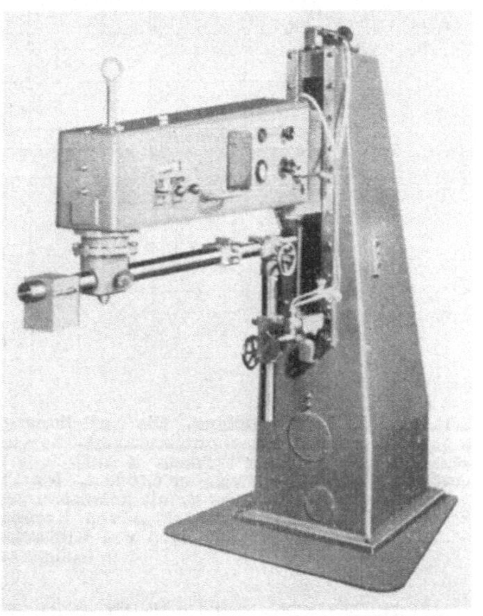

Abb. 97. Kreisschere. Eine gegen die Kreismesser verstellbare Spanneinrichtung nimmt die mit Tafelscheren zugeschnittenen Abschnitte mittig auf, entweder mit zwei Spitzen oder zwischen zwei umlaufende Andrückplatten, so daß die Schnittlinie einen Kreis um die Drehachse beschreibt. (*Weber Werke*, Siegen).

Abb. 98. Autogene Brennschneidemaschine. Ein mechanischer Antrieb setzt den verstellbar auf einem drehbaren Arm fliegend angeordneten Schneidbrenner in Umlauf mit stufenlos einstellbarer Geschwindigkeit. Die Stellung des Brenners kann um 90° verändert werden, so daß sowohl Kreisscheiben aus ebenen Tafeln ausgeschnitten als auch tiefgeformte Blechteile der Höhe nach beschnitten werden können. (*Weber Werke*.)

ner, als wenn die Drückscheiben aus Quadraten ausgeschnitten werden, die einen Schnittverlust von 20% und mehr ergeben.

Ist ein Ausschneiden unmittelbar aus der Tafel nicht möglich, so empfiehlt es sich, das Ausschneiden mit Schnittwerkzeugen aus Streifen vorzunehmen, die so breit gewählt werden, daß 2 oder mehrere Reihen nebeneinander ausgeschnitten werden können. Das Versetztausschneiden bringt allerdings nur Ersparnisse, wenn die Scheiben so klein sind, daß mindestens 7 Scheiben in der Tafellänge enthalten sind. Sind die Scheiben größer, dann müssen sie entweder aus Band ausgeschnitten werden, das mindestens die 7fache Länge des Scheibendurchmessers haben muß oder man muß einen Werkstoffverschnitt in Kauf nehmen, der dem Ausschneiden aus einzelnen Quadraten entspricht.

Da bei Blecherzeugnissen die Werkstoffkosten meist den Hauptteil an den Herstellkosten ausmachen, ist auf einen sparsamen Werkstoffverbrauch peinlichst zu achten.

46. Rundmaschinen. Statt von Kreisscheiben wird bei der Drückumformung häufig auch von Blechringen ausgegangen. Diese werden aus geraden, mit Tafelscheren auf Maß geschnittenen, geraden Streifen durch Runden mit Rundmaschinen nach Abb. 100 geformt und die freien Enden durch Schweißen verbunden. Die Schweißverbindung kann autogen mit Schweißbrennern oder elektrisch mit Naht-

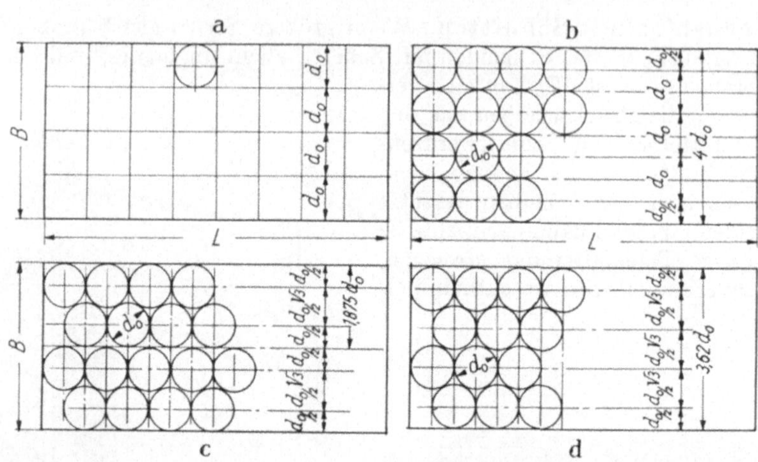

Abb. 99 a–d. Tafelaufteilung. Die Aufteilung einer Blechtafel ist weitgehend durch das Streben nach möglichst geringem Verschnitt bestimmt. Es wird entweder eine der Grundformen a, b, c, d gewählt oder eine Verbindung dieser Formen. a Aufteilung in einfach-breite Streifen zum Ausschneiden von quadratischen Abschnitten von der Größe d_0. b Aufteilung in Streifen nach a und Ausschneiden von Kreisscheiben vom Durchmesser d_0 mit Schnittwerkzeugen. c Aufteilung in doppelt-breite Streifen von der Breite $1{,}875\,d_0$ zum Ausschneiden von Kreisscheiben vom Durchmesser d_0 mit Schnittwerkzeugen. d Aufteilung durch Ausschneiden von Kreisscheiben vom Durchmesser d_0 mit Schnittwerkzeugen unmittelbar aus der Blechtafel.

schweißmaschinen oder mit Stumpfschweißmaschinen vorgenommen werden. Verdickungen, die beim Schweißen entstehen, müssen durch Hämmern und Glätten oder durch Schleifen beseitigt werden, damit die Umformung durch Drücken nicht gestört wird. Beim Schweißen mit elektrischen Nahtschweißmaschinen können die zu verbindenden Kanten abgeschrägt werden, so daß durch die Schweißung eine Verdickung nicht entsteht.

Abb. 100. Rundmaschinen. Durch 3 mechanisch angetriebene zylindrische oder kegelförmige Wellen, deren Abstand gegeneinander veränderlich sein muß, damit verschiedene Durchmesser erzielt werden können, werden ebene Blechscheiben rund gebogen zu Zylindermänteln oder Kegelstumpfmänteln. (*Weber Werke.*)

47. Verbindmaschinen und -einrichtungen. Auch mit Schweißeinrichtungen lassen sich gedrückte Teile verbinden, z. B. Rümpfe mit Böden, Hauben, Deckeln oder Beschlägen, wobei für Rundnähte eine Drückbank nach Abb. 101 als Schweißvorrichtung für gleichmäßigen mechanischen Vorschub eingesetzt werden kann. Statt der Nahtschweißung genügt in vielen Fällen die Punktschweißung, insbesondere, wenn Beschlagteile mit den gedrückten Teilen verbunden werden sollen; Griffe, Halter, Klammern, Scharniere, Verschlüsse u. dgl.

Statt der Punktschweißung werden die Teile bisweilen auch noch durch Nieten befestigt, wofür Nietmaschinen der verschiedensten Ausführung zur Verfügung stehen.

48. Einrichtungen der Oberflächenveredlung. Blecherzeugnisse müssen meist einer Oberflächenveredlung unterworfen werden, die sich nach dem Verwendungszweck richtet. Am gebräuchlichsten ist die Feuerverzinnung oder die Feuerverzinkung und die Lackierung. In Verbindung mit dieser kann auch eine Entfettungs- und eine Beizanlage erforderlich werden, denen sich zweckmäßig eine Phosphatieranlage angliedert.

Eine große Rolle bei der Oberflächenbehandlung spielt auch das Schleifen und Polieren, das bei kleinen Werkstücken mit den Schleif- und Polierböcken, Schleif- und Schwabbelscheiben vorgenommen wird, bei großen Drückteilen aber bevorzugt mit maschinellen Handwerkzeugen nach Abb. 102, wobei die zu bearbeitenden Teile zweckmäßig auf Drückbänken als Vorrichtungen in Umlauf gesetzt werden, um die Schleifarbeit zu erleichtern und dem Schleifer den Platzwechsel bei der Durchführung der Schleifarbeit zu ersparen.

Die Veredlung durch Schleifen und Polieren wird nicht nur zur Verbesserung des Aussehens durchgeführt oder als Vorarbeit für eine galvanische Behandlung, die oft gefordert wird, sondern, insbesondere bei nichtrostenden Stählen zur Erzielung der höchsten Beständigkeit, die durch die Oberflächengüte entscheidend beeinflußt wird.

Abb. 101. Rundschweißvorrichtung. Eine Drückbank mit stufenlosem Antrieb kann vorteilhaft als Einspannvorrichtung zur Ausführung von Rundschweißnähten verwendet werden, da der gleichmäßige Vorschub die Ausbildung einer sauberen Schweißnaht ermöglicht. (*Keilinghaus*.)

Abb. 102. Schleif- und Poliervorrichtung. Eine Drückbank mit stufenlosem Antrieb kann als eine sehr günstige Einspannvorrichtung für große Drückteile verwertet werden, die die Ausführung von Schleif- und Polierarbeiten mit maschinellen Handwerkzeugen zur Oberflächenveredlung erleichtert.

VII. Die Wirtschaftlichkeit der Umformung durch Drücken.

Nachdem die Technik der spanlosen Umformung durch Drücken eingehend betrachtet worden ist, ist es erforderlich, zum Schluß die Wirtschaftlichkeit des Umformverfahrens darzulegen, die seine Einsatzmöglichkeit bestimmt und begrenzt.

Wirtschaftlich günstiger als ein anderes Verfahren der Umformung ist das Drückverfahren dann, wenn der Aufwand, den es für die Erstellung eines Gefäßes von bestimmter Form erfordert, geringer ist als der Aufwand, den das Vergleichsverfahren erfordert. Als Vergleichsverfahren ist vor allem das Tiefziehverfahren zu betrachten.

Der Aufwand, der den Herstellkosten entspricht, setzt sich zusammen aus:

Maschinenkosten,
Werkzeugkosten,
Werkstoffkosten,
Lohnkosten und
Gemeinkosten.

Bei der Betrachtung können die Gemeinkosten außer Ansatz bleiben.

Auch die Maschinenkosten sollen nicht geprüft werden; die Maschinenkosten bei der Umformung mit Drückbänken sind zweifellos niedriger als bei der Umformung durch Tiefziehen. Die Ziehpressen, die die Umformung am geschlossenen Ring durchführen, müssen ungleich größere Leistungen übertragen als die Drückbänke, die die Umformung punktförmig vornehmen. So verbleiben für die Betrachtung die Werkzeugkosten, die Werkstoffkosten und die Lohnkosten.

49. Drückverfahren, Werkzeugkosten und Lohnkosten. Die Kostenarten sind nicht jede für sich getrennt zu betrachten, sondern beeinflussen sich gegenseitig.

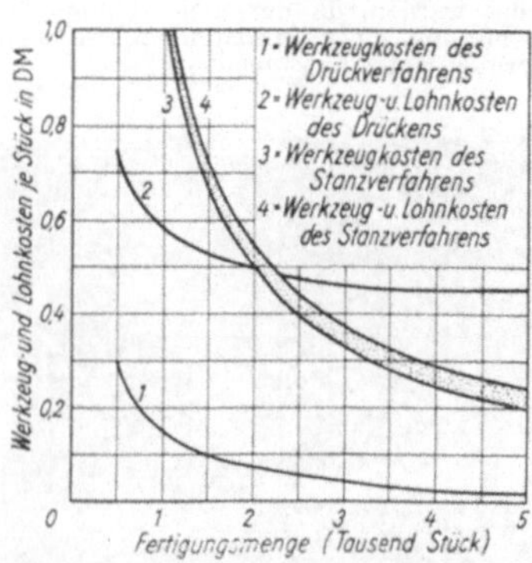

Abb. 103. Wirtschaftlichkeit der Umformung durch Drücken und durch Tiefziehen. Werkzeug und Lohnkosten je Werkstück beim Drücken und beim Tiefziehen beliebiger Formen abhängig von der Größe der zu fertigenden Zahl gleicher Teile. [9].

Es ist bekannt, daß beim Tiefziehverfahren die Lohnkosten gering, aber die Werkzeugkosten hoch sind. Beim Drückverfahren ist es gerade umgekehrt. Daraus erhellt, daß es eine Grenze geben muß, bei der das Drückverfahren dem Tiefziehverfahren gleichwertig ist und Fälle, in denen es dem Tiefziehverfahren sogar eindeutig überlegen ist. Diese Grenze läßt sich rechnerisch oder, überzeugender noch, graphisch ermitteln. In Abb. 103 sind als Abszissen Fertigungsmengen und als Ordinaten die Anteile der Werkzeugkosten und der Lohnkosten für ein bestimmtes Erzeugnis aufgetragen, sowohl für die Erstellung im Drückverfahren, als auch für die Erstellung im Tiefziehverfahren. Die Abbildung zeigt, daß sich die Herstellkosten der beiden Verfahren bei einer Fertigungsmenge von etwas über 2000 Stück die Waage halten, bei kleineren Fertigungsmengen beim Drückverfahren niedriger sind und bei größeren Mengen beim Tiefziehverfahren überlegen niedrig werden.

Abb. 103 gilt nur für Drückarbeiten allgemeiner Art; für besondere Drückarbeiten, insbesondere einfache Drückformen, ist das Drückverfahren dem Tiefziehverfahren immer überlegen, weil es weniger Arbeitsgänge erfordert. Der Haushalttrichter nach Abb. 104 aus Aluminiumblech von 0,5 mm Dicke, der von Hand in einer Einspannung auf Endform gedrückt wird, würde beim Tiefziehen 10 oder mehr Arbeitsgänge erfordern, für deren Durchführung der Lohnaufwand allein schon größer wäre als der Gesamtaufwand für Lohn und Werkzeuge beim Drücken.

Ebenso klar wie bei der Erstellung einfacher Formen durch Handdrücken zeigt sich (Abb. 105) die Überlegenheit der Drückumformung gegenüber dem Tiefziehen bei automatischem Drücken, auch für größte Fertigungsmengen, sowie — nicht zuletzt wegen der Höhe des erreichbaren Grades der Gesamtumformung — für die Gefäßbildung durch Umformung in Verbindung mit einer Blechstreckung, insbesondere, wenn die Drückbänke mit mechanisierter Vorschubbewegung mit einer Programmsteuerung ausgestattet sind, die die gleichzeitige Bedienung von

zwei und mehr Maschinen durch einen männlichen oder weiblichen Arbeiter ermöglicht.

Zweifellos überlegen ist das Drückverfahren bei der Anfertigung von kleinen
Mengen und von Einzelstücken, bei denen die Werkzeugkosten ein Vielfaches der
Lohnkosten ausmachen.

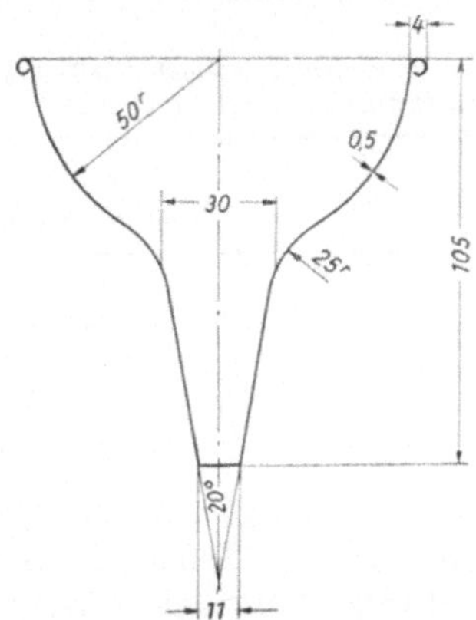

Abb. 104. Haushalttrichter aus Al 99,5. Eine
einfache Drückform, die von Hand in jeder
Menge mit geringen Lohn- und Werkzeugkosten, dem Tiefziehverfahren immer überlegen, in einer Einspannung gefertigt
werden kann.

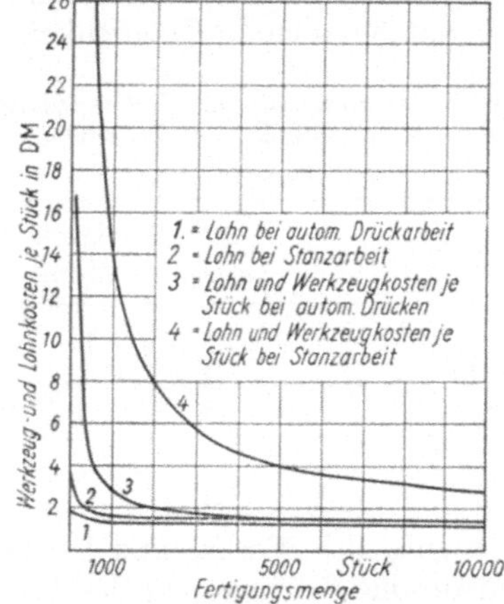

Abb. 105. Wirtschaftlichkeit beim halbautomati-
schen Drücken und beim Tiefziehen von Trichtern.
Werkzeug- und Lohnkosten je Werkstück beim
Drücken und beim Tiefziehen abhängig von der
Größe der zu fertigenden Zahl gleicher
Kegelstumpfmäntel.

50. Drückverfahren und Werkstoffkosten. Die Überlegenheit des Drückverfahrens ist in vielen Fällen nicht allein durch die Werkzeugkosten bestimmt, sondern auch durch die Werkstoffkosten. Wenn ringförmige Erzeugnisse im Tiefziehverfahren erstellt werden müssen, z. B. Abschlußringe nach Abb. 17, so wird von
einer großen Kreisscheibe ausgegangen, bei deren Erstellung ein Verschnitt von
20 % oder mehr anfällt; je nachdem, wie sich die Blechtafel aufteilen läßt. Darüber
hinaus fällt ein Ausschnitt aus dem Ziehteil an, der nur in seltenen Fällen unmittelbar weiter zu verwerten ist und daher im allgemeinen als zusätzlicher Verschnitt
angesehen werden muß. Unter dieser Voraussetzung beträgt der Gesamtverschnitt
bei der Herstellung des Ringes nach Abb. 17 im Ziehverfahren über 60 %.

Bei der Fertigung im Drückverfahren kann von einem Blechring ausgegangen
werden, der durch Runden aus einem rechteckigen Streifen entsteht, wenn die
freien Enden nach dem Runden zusammengeschweißt werden. Die Fläche des
Rechteckstreifens braucht nicht größer zu sein als die Fläche des fertigen Ringes
werden muß, so daß also praktisch ohne Verschnitt gearbeitet werden kann. Dazu
kommt noch, daß Blechstreifen bei der Blechverarbeitung als Verschnitt immer anfallen, so daß ihre Verarbeitung zu vollwertigen Erzeugnissen die Blechwirtschaft
des Betriebes insgesamt verbessert.

Sollten die Blechstreifen nicht in solcher Länge verfügbar sein, daß der Ring
nur mit einer Naht erstellt werden kann, dann können ohne Nachteil für die Umformung zwei oder gar mehr kurze Blechstreifen zusammengeschweißt werden,
um auf die erforderliche Gesamtlänge zu kommen.

Die Werkstoffersparnis ist so groß, daß die Umformung durch Drücken auch
bei größten Fertigungsmengen günstiger ist als die Fertigung durch Tiefziehen.
Dies leuchtet ein, wenn man sich vergegenwärtigt, daß die Blechwarenfertigung so
werkstoffintensiv ist, daß die Werkstoffkosten etwa 75 % der Herstellkosten aus-

machen, die Lohnkosten aber nur 7 %; dies zeigt aber auch die Gegenüberstellung von Werkstoffkosten im Drückverfahren und im Ziehverfahren in Tab. 19.

Die Einsparung an Werkstoffgewicht ist aber nicht die einzige Möglichkeit, den Anteil der Werkstoffkosten an den Herstellkosten durch Umformung im Drückverfahren an Stelle von Tiefziehen zu verringern. In vielen Fällen läßt das Drückverfahren auch die Möglichkeit der Verwendung einer einfacheren Blechgüte

Tabelle 19. *Verhältnismäßiger Fertigungsaufwand für den Abschluß- und Verstärkungsring nach Abb. 17.*

Kostenarten	Arbeitsverfahren	
	Drücken	Tiefziehen
Werkzeuge	1	14
Werkstoff	1	3
Arbeitszeit	1	0,17

Tabelle 20. *Verhältnismäßiger Fertigungsaufwand für den Kessel nach Abb. 25.*

Kostenarten	Arbeitsverfahren	
	Drücken	Tiefziehen
Werkzeuge	1	33
Werkstoff (unter Berücksichtigung der Güte)	1	2
Fertigungszeit . . .	1	0,085

zu, z. B. der Blechgüte St II.23 oder III.23 an Stelle von St VII oder VIII.23 bei der Fertigung des Wasch- und Kochkessels der Abb. 25 aus 3 Teilen. In diesem Fall dürfte die Verringerung des Werkstoffpreises etwaige Lohnsteigerungen, die das Drückverfahren erfordert, ausgleichen, so daß ein Vergleich der Herstellkosten nach Tab. 20 auch bei großen Serien zugunsten des Drückverfahrens ausfallen dürfte.

51. Drückverfahren und Lieferbereitschaft. Einrichtungskosten und Lohnkosten werden nicht immer die Wahl eines Umformverfahrens bestimmen, denn es gibt Fälle, in denen nicht die Herstellkosten entscheidend sind, sondern die schnelle Lieferbereitschaft.

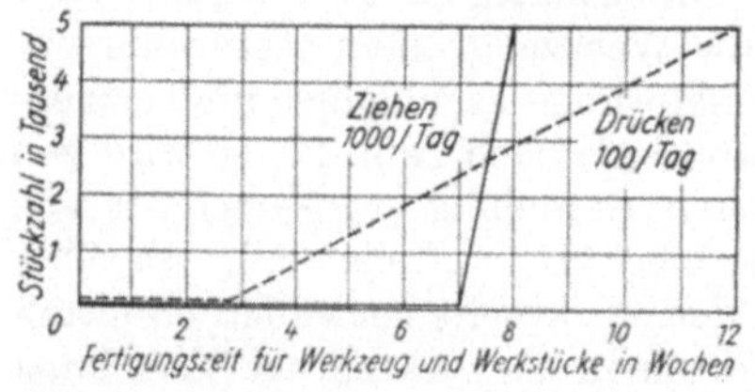

Abb. 106. Lieferbereitschaft. Fertigungszeit für Werkzeuge und bestimmte Werkstückmengen beim Drücken und beim Tiefziehen.

Wenn es nur auf den Lieferbeginn ankommt, wird das Drückverfahren jedem andern Umformungsverfahren überlegen sein, da die Drückwerkzeuge gewöhnlich allgemein zu verwenden und die Drückfutter zum mindesten aus Holz sehr schnell anzufertigen sind, schneller meist als der zeichnerische Entwurf von Ziehwerkzeugen im Konstruktionsbüro. Werden die Liefermengen aber größer, kann auch das Ziehverfahren zeitlich dem Drückverfahren überlegen werden, da der Ausstoß der Ziehpresse in der Zeiteinheit das Vielfache der Leistung einer Drückbank beträgt.

Die Grenze, bei der Drückverfahren und Ziehverfahren sich ebenbürtig sind und von der ab die Überlegenheit des Ziehverfahrens einsetzt, ist aus Abb. 106 zu erkennen, in der für ein bestimmtes Erzeugnis die Anfertigungszeiten für die Werkzeuge und für die Erzeugnisse im Drückverfahren und im Tiefziehverfahren für gleiche Fertigungsmengen gegenübergestellt sind. Die Fertigungszeit ist in Wochen als Abszisse, die zugehörige Fertigungsmenge als Ordinate aufgetragen. Es ergeben sich zwei Fertigungslinien, die sich bei einer Fertigungsmenge zwischen 2500 und 3000 scheiden. Beim Ziehverfahren wird ein Ausstoß von 1000 Stück je Tag, beim Drückverfahren nur von 100 täglich erreicht.

52. Drückverfahren und Werkstückgröße. Bei der Betrachtung der Wirtschaftlichkeit ist auch nicht außer acht zu lassen, daß bei außerordentlich großen Teilen — erinnert sei an die Fertigung großer Kesselböden — das Ziehverfahren sowohl

wegen der gewaltigen Größe der Pressen, die erforderlich wären, als auch wegen
der ungeheuren Werkzeugkosten, nicht möglich ist.

53. Die Einsatzmöglichkeit des Drückverfahrens. Die Betrachtung der Wirtschaftlichkeit hat klar gezeigt, unter welchen Voraussetzungen das Drückverfahren
dem Tiefziehverfahren überlegen ist. Es ist überlegen:

1. allgemein bei Einzelstücken und Fertigungsmengen bis etwa 2500,
2. in Sonderfällen, bei günstigen, insbesondere kegelförmigen und trichterförmigen Erzeugnissen bei allen Fertigungsmengen und beliebigen Abmessungen, sowohl bei Handarbeit,
als besonders bei mechanisierter Drückarbeit,
3. bei der Verbindung von Umformarbeit und Streckarbeit mit mechanisierten, mit
Programmsteuerung ausgestatteten Drückbänken, insbesondere bei Mehrmaschinenbedienung,
4. wenn von Blechringen ausgegangen wird, so daß erheblich an Werkstoffgewicht gespart
wird, oder statt hochwertigen Tiefziehblechs gewöhnliches Stanzblech verarbeitet werden kann,
5. wenn eine kurzfristige Lieferbereitschaft gefordert wird.

Die Umformung durch Drücken ist in besonderen Drückereibetrieben möglich;
sie muß aber, mindestens in einem gewissen Umfang, in jedem Betrieb, der Blechverarbeitet, als Ergänzung der Tiefziehumformung durchgeführt werden.

Schrifttum.

[1] American Society of tool Engineers: Handbook for Tool-Eng. McGraw-Hill Book Cy.
NY. 1949.
[2] HILDEBRANDT: Die industrielle Anwendung des Metalldrückens. Finish Juli 1953.
[3] Garrard Engineering and Manufact. Cy.: The production of autom. record changers.
Machinery NY. 21. 7. 49, S. 75.
[4] Gray Manufacturing Co., Hartford 1, Conn. USA: Spinning of Mg Alloys.
[5] HINXMANN, H.: Spinning of Al Sheet. Sheet Metal Industries GB Jan. 54.
[6] HUNT, LS.: Prinziples and Practice in the Spinning of Stainless Steels. Sheet Metal
Industries GB Jan. 54.
[7] HOLINGER, CS.: Design of parts to be formed by Metal Spinning. Prod. Engineering
Vol. 17, Nr. 8, 1946.
[8] KORT, EG.: Drawing and Spinning of Al Alloys. Machinery NY. Mai 1949, S. 176 + 178.
[9] LENGBRIDGE, SW.: How Metal Spinning. American Machinist NY, March 19 (1951).
[10] Machinery Lloyd N/54: Spinning Dished Ends at around 1000° C.
[11] Machinery's Yellow Books: Metal Spinning.
[12] McETRATH, TJR.: Flame Spinning Process Steel, 29. Mai 44.
[13] Mitt. Forschges. Blech: Nr. 13 (1950). Bericht aus d. Schrifttum.
[14] MUNDT, J.: Die Formänderung u. Härtezunahme beim Drücken von Metallteilen. Ind.-
Anz. Essen Nr. 33/54, S. 520.
[15] ROSS, E. F.: Spinning of Stainless Steel. Craft Metal Spinning Co.
[16] SACHS, G.: Sheet Metal Fabrication, Reinhold Publishing Corp. NY. 1951.
[17] SIEBEL, E.: Probleme der Blechumformung. Mitteilungen Forsch. Ges. Blechverarb.
Nr. 10. 1953. Kräfte u. Materialfluß beim Drücken, ebenda Nr. 17. 1954.
[18] SNOOK, HW.: Drücken als Vorformung. Machinery NY. Bd. 58 (1952) S. 188—193.
[19] Spincraft Milwaukee 8 Wisconsin: Ein Führer durch die Verwendungsmöglichkeit von
Metalldrückteilen in allen Industrien (1943).
[20] WEISS, E.: The Technique of Metal Spinning. Machinery NY Bd. 52, Nr. 9 (1946).